"十三五"全国高等院校研究生规划教材

创新型现代农林院校研究生系列教材

水产动物繁殖内分泌学

主 编 李广丽

科学出版社

北 京

内 容 简 介

　　本教材是"十三五"全国高等院校研究生规划教材暨创新型现代农林院校研究生系列教材之一。本教材对激素和内分泌的概念、激素的种类、激素的合成与分泌、激素的作用机制与调节等进行了概述。本教材系统描述了水产经济动物鱼类、甲壳类和贝类的生殖器官、繁殖阶段的调节物质，分别阐述了鱼类、甲壳类和贝类生殖活动的内分泌调控机制及环境内分泌干扰物对其生殖活动的影响。本教材还简要介绍了内分泌学常用研究方法和技术。

　　本教材不但可作为水产养殖相关专业的研究生教材，对高等农林院校相关专业的师生，以及农业和渔业等领域的科技人员，也具有重要的参考价值。

图书在版编目（CIP）数据

水产动物繁殖内分泌学 / 李广丽主编.—北京：科学出版社，2019.11
"十三五"全国高等院校研究生规划教材　创新型现代农林院校研究生系列教材
ISBN 978-7-03-063234-0

Ⅰ.①水… Ⅱ.①李… Ⅲ.①水产动物-繁殖-内分泌学 Ⅳ.①S917.4

中国版本图书馆 CIP 数据核字（2019）第 249537 号

责任编辑：王玉时 / 责任校对：严　娜
责任印制：张　伟 / 封面设计：耕者设计

科学出版社出版
北京东黄城根北街 16 号
邮政编码：100717
http://www.sciencep.com
北京中石油彩色印刷有限责任公司 印刷
科学出版社发行　各地新华书店经销
*
2019 年 11 月第　一　版　开本：787×1092　1/16
2020 年 1 月第二次印刷　印张：11
字数：261 000
定价：49.00 元
（如有印装质量问题，我社负责调换）

《水产动物繁殖内分泌学》
编写人员名单

主　编：李广丽

副主编：朱春华　梁海鹰

参　编（按姓氏汉语拼音排序）：

陈华谱　邓思平　郭　慧　黄　洋

江东能　石红娟　田昌绪　于非非

前　言

内分泌学是一门古老而年轻的学科。从经典内分泌学发展到现代内分泌学历时 100 余年，人们对激素的概念、合成、分泌方式、作用、生物调节等的认识不断深化。尤其是近 20 年来，过去认为是独立的神经调节、内分泌调节、免疫调节等调节系统之间的界限已变得非常模糊，系统之间形成严密且复杂的调节网络，通过信息物质的交互作用，可对机体的新陈代谢、细胞分化、生长、发育、繁殖和适应等机能进行精确的生理调节。

繁殖是生物生命中最重要的事件之一，是物种和个体成功繁衍的首要条件，保证了种群的增殖和种族的延续。由于生殖激素引发或调节繁殖过程，因此，在理解动物如何控制其繁殖策略时，内分泌学知识成为非常重要的一部分。本教材针对水产经济动物鱼类、甲壳类和贝类，从内分泌概述，激素作用机制与激素受体，鱼类、甲壳类和贝类的生殖器官、繁殖调节物质、生殖活动内分泌调控机制，以及环境内分泌干扰物对其生殖活动的影响等方面进行阐述，并简要介绍内分泌学常用研究方法和技术。本教材力求阐明水产动物繁殖过程中复杂的调控过程及机理，为水产动物人工繁殖和新品种的选育提供基础理论，对制定水产动物繁殖的保护措施，以及保证水产资源稳步发展具有重要意义。编写分工如下：李广丽编写第一章及第八章第一节；石红娟编写第二章；江东能编写第五章第四节及第九章；陈华谱编写第五章第一节及第二节；邓思平编写第五章第三节；黄洋编写第三章第一节；田昌绪编写第四章第一节；朱春华、郭慧编写第三章第二节、第四章第二节、第六章、第八章第二节；梁海鹰、于非非编写第三章第三节、第四章第三节、第七章、第八章第三节。

本教材提供繁殖内分泌学的基础知识，可作为动物生理学、繁殖生物学等课程的辅助教材。为便于更好地理解各章内容，读者应具备鱼类学、甲壳类生物学、贝类生物学和鱼类生理学基础知识。希望本教材能引导学生对水产经济动物繁殖内分泌调控产生兴趣，为其后续学习相关专业知识及开展毕业设计提供背景资料。

编　者
2019 年 4 月

目　录

第一章 概 述

在完整的动物生物体中，特殊组织能够发挥作用，在很大程度上是通过三个胞外交流的系统来完成的：①神经系统，在脑和外围组织，以及不同组织之间，神经系统通过反馈通路双向传递电化学信号；②内分泌系统，激素释放入循环系统，对远距离器官产生作用；③免疫系统，保护机体免受内外环境的威胁。过去认为，神经系统和内分泌系统相互独立且可严格区分，但随后的研究揭示，神经系统可释放化学物质，直接影响邻近细胞功能，或进入血液循环系统成为循环激素。某些激素也可以作为中枢神经系统的神经源性介质。此外，在解剖学上发现下丘脑和垂体存在神经系统与内分泌系统之间的联系，两者可集成一个功能控制单元。

长期以来，免疫系统被认为独立发挥作用，但现在发现其同时受到内分泌系统和神经系统的双重调控。反过来，免疫系统对神经系统、内分泌系统也产生交互控制效应。免疫系统可通过体液和细胞介导的免疫反应以及释放强大的细胞因子，来参与内分泌系统疾病的发病。

1905 年，Starling 首次描述了内分泌系统的独特特征，内分泌学成为生物科学的一个分支。历经一个多世纪的发展，人们对内分泌学的定义不再局限于远距离分泌，发现还存在旁分泌、自分泌和神经分泌，但关注要点仍主要为激素及分泌激素的器官的作用，研究涵盖主要内分泌器官的解剖和生理功能、激素及其作用机制、激素功能障碍，等等。

一、激素和内分泌概念

传统的内分泌（endocrine）定义，即特定组织或腺体分泌的一种或多种生物活性物质，通过血液循环运送到特定组织或器官（靶组织或靶器官），从而对该靶组织或靶器官的分泌或代谢功能进行调节。上述被一个或一群细胞所分泌、通过血液或淋巴运送，对身体其他细胞产生特定生理影响的生物活性物质，即为激素（hormone）。

现代内分泌概念因旁分泌（paracrine）、自分泌（autocrine）和神经分泌（neurosecretion）的发现而更加精确。研究发现，局部形成的激素也可以不经过血液循环，而是通过扩散来调节和影响相邻细胞的功能，从而发挥旁分泌作用。例如，精子生成过程中睾酮（testosterone，T）的调控，或皮质醇对肾上腺髓质的影响，或胰岛素调控胰高血糖素的分泌。同理，内分泌细胞所分泌的激素也会对合成细胞本身产生自分泌作用，如中枢神经系统局部区域内形成的雌激素，以及垂体、中枢神经系统和棕色脂肪中甲状腺素（T4）对三碘甲腺原氨酸（T3）的局部转化。另外，某些神经细胞还具有分泌神经激素（neurohormone）的能力，即神经分泌的能力，如下丘脑视前隐窝区的前腹视前围脑室核（aNPP）可分泌促性腺激素释放抑制因子（gonadotropin release-inhibitory factor，GRIF），外侧结节核（NLT）可分泌促性腺激素释放激素（gonadotropin releasing hormone，GnRH），二者通过初级、次级血管网运送至腺垂体，共同调控腺垂体促性腺细胞分泌促性腺激素（gonadotropic hormone，GtH）。可见，激素运送的途径不再局限为血液，淋巴液和组织液也成为重要的运送途径；分泌激素的组织越来越多，除以往认定的特化的内分泌腺体，也可以是个别分散的内分泌细胞，或具有分泌功能的神经细胞。现代医学发现，心肌细胞可以分泌心钠素、心房利钠多肽，从而促进尿液中钠的排泄。

随着生化分离和测定技术的发展，激素和内分泌的概念不断被修正，并将不断发展。事实上，三大胚层的细胞都可能演变成分泌激素的细胞，内分泌和外分泌也不再存在难以逾越的鸿沟。化学信息的传递是一切生命细胞最基本的特性。

二、激素的主要生理作用

激素的功能广泛，涉及 4 个领域：①繁殖调节；②生长和发育；③维持内环境稳定；④控制能量的产生、利用和储存。

1. 繁殖调节

激素不仅调节配子发育，也控制雌雄个体在性腺解剖、繁殖功能及行为发育方面的差异，而这些差异对有性生殖至关重要。但有趣的是，雌性或雄性并没有明确的特异性激素。迄今为止，所有性激素都存在于两性，且两性都有使激素产生反应的一种受体机制。这种性别二态性是由某些激素数量和分泌模式不同所导致，而不是激素存在与否的结果。有性繁殖需要一套精确的遗传程序，在生命的关键阶段，先在卵巢或精巢中合成充足、合适的酶，随后再催化合成适量的激素以完成生殖活动。

2. 生长和发育

内分泌调控是生长和发育的基础，各类激素，包括蛋白质、多肽、氨基酸衍生物和类固醇类激素之间相互作用，参与机体生长发育过程。激素不仅对正常生长发育非常必要，还可调节最大生长。例如，生长激素在特定时期引起骨骺闭合，以免骨骼无限持续生长。激素以多种方式影响生长。例如，生长激素可以直接影响特定组织的生长，也可以通过调节媒介物来影响生长。甲状腺激素在中枢神经系统发育过程中发挥关键作用，碘缺乏地区呆小症患者神经系统发育迟缓，出现各种其他中枢神经异常。胎儿和新生儿若缺乏甲状腺激素，将影响其智力发育。

3. 维持内环境稳定

内环境稳定对维持细胞结构和功能至关重要。激素通过控制细胞外液的组成和容量，血压和心率，酸碱平衡，体温，骨骼、肌肉和脂肪含量等来调节稳态。例如，抗利尿激素、醛固酮对水盐代谢的调节；降钙素、甲状旁腺激素对血钙的调节。这些稳态机制时刻运行，并使机体适应极端环境成为可能。

4. 控制能量的产生、利用和储存

激素是机体利用食物产生能量或储存能量的卓越介质。在同化状态，胰岛素将摄食的过多能源储存为糖原和脂肪；在异化状态，胰高血糖素和其他逆向调节激素，通过诱导糖原分解，动员氨基酸和游离脂肪酸分别生成糖原和酮体，保证获得产生能量的底物。脂肪酸和酮的氧化使血浆葡萄糖的水平维持在安全范围内，以保护中枢神经系统功能，而食物摄取则由脂肪细胞分泌的瘦素（leptin）调节。基础代谢率是由甲状腺激素水平决定的，虽然目前已不再使用，但基础代谢率是最早建立的、诊断是否存在甲状腺机能障碍的测试之一。当患者对甲状腺激素产生抵抗时，基础代谢率检测仍然是一种用来判断在下丘脑不起作用的情况下，患者是否在细胞水平上对甲状腺激素做出反应的方法。

三、内分泌系统体液平衡模型

内环境稳态对于细胞进行正常生命活动是必要的。维持这种稳态的生理过程极其复杂，神经系统、内分泌系统、免疫系统均参与其中。几乎所有内分泌系统都被发现是在一个或多个负反馈机制的控制下运作的。内分泌系统体液平衡模型大体可分为以下三种。

1. 内分泌反射

内分泌反射是大多数内分泌腺的工作方式。内分泌腺分泌激素并通过体液运送到效应器官，产生特定的生理效应；效应反之再通过正、负反馈随时校正内分泌反射活动。

激素的作用是复杂的。一种激素对不同的组织有不同的作用，在不同的生命时期也会有不同的效果。一些生物过程在单个激素的控制下完成，但大多数情况下，则需要多种激素复杂的相互作用。例如，血糖水平由胰岛素和胰高血糖素的拮抗作用，以及脑垂体和肾上腺分泌的其他激素共同调控。

2. 神经激素反射

某些神经细胞可通过释放神经激素调节特定的生理功能。例如，下丘脑视上核的神经元分泌血管加压素/抗利尿激素（VP/ADH），激素沿轴突流入并储存于神经垂体。当机体血容量降低、血压下降或晶体渗透压升高时，ADH释放使肾脏重吸收水的能力增加，从而提高血容量，降低晶体渗透压，增高血压。同时通过血容量和渗透压感受器反馈性调节ADH的释放。

3. 神经内分泌反射

神经系统与内分泌系统在功能上关系密切，在生理功能调节中合称为神经-体液调节。除神经激素反射外，下丘脑的神经分泌细胞还可以通过轴突控制下丘脑-腺垂体-甲状腺功能轴、下丘脑-腺垂体-肾上腺皮质功能轴、下丘脑-腺垂体-性腺功能轴等三个神经内分泌系统的活动。此外，神经系统对腺垂体、内分泌腺和散在的内分泌细胞的分泌活动也有不同程度的调节。

值得注意的是，内环境稳态并非是指这些重要的体液组分绝对不变，而是在机体可忍受的范围内进行微小的波动。这些体液组分的浓度具有节律性，取决于一天、一月或一年中的某一时段，也取决于动物所处的发育阶段、年龄和生殖状态等。因此，在探讨内分泌系统体液平衡时，必须以动态变化的观点思考问题。当环境或生理机能状态发生变化，内分泌系统状态会不同。例如，缺碘时，甲状腺代偿性增生；甲状腺生理机能低下时滤泡上皮变为扁平状。

四、内分泌系统和神经系统的整合及其原理

在信息传递过程中，虽然神经系统与内分泌系统的传递方式、反应速度、持续时间等有明显不同，但两者有时并无明显界限。有些组织既是神经组织也是内分泌组织，信号转导的信使都是化学物质，且这些化学物质在两个系统都可以产生作用，如肾上腺素既可以作为神经递质，也可以作为激素产生作用。此外，两大系统可以相互影响。一方面，内分泌功能受神经调控，如后叶加压素的神经调控，以及胰岛素和胰高血糖素的双重神经支配；另一方面，神经功能也受内分泌调控，如促甲状腺激素释放激素（thyrotropin releasing hormone，TRH）参与抗抑郁、促觉醒、促运动和升体温等神经活动。

通常，一种激素可行使多个功能，如睾酮可调控毛发和肌肉生长、精子形成、性别二态性行为等许多方面。同样，一种功能可由多种激素调控。实际上，在内分泌调控下，所有的生理过程都受到不止一种激素的影响，如血浆葡萄糖生理水平的维持需要至少 6 种激素共同参与。在同一生理功能上，内分泌系统的整合原理如下。

1. 剩余（redundancy）

在自然界已知的激素中，除胰岛素具有降低血糖的作用外，其他激素如胰高血糖素、生长激素、甲状腺激素等都具有升高血糖的效果；同样，GnRH 具有促进腺垂体合成和分泌 GtH 的作用，而在鱼类，发现至少存在 m-GnRH、c-GnRH、s-GnRH 三种类型的 GnRH。可见，一方面激素剩余有利于机体在恶劣条件下生存；另一方面多条途径可对同一生理功能进行精确的调节。

2. 增强（reinforcement）

胰岛素通过增加血糖去路、降低血糖来源来降低血浆中葡萄糖水平。除了使葡萄糖迅速从血液转移至组织中、加速葡萄糖在组织中的氧化、增加糖原合成和抑制糖原异生外，胰岛

素还促进脂肪储存、抑制蛋白质和脂肪分解，通过多条途径增强降低血糖的效果。

3. 推-拉机制（push-pull mechanism）

激素之间存在协同作用、拮抗作用、允许作用和反馈作用。其中拮抗作用展示的是两种激素的对抗性效果。例如，鱼类腺垂体 GtH 的分泌主要受下丘脑外侧结节核（NLT）、视前核（NPO）和端脑分泌的 GnRH，以及下丘脑视前隐窝区的前腹视前围脑室核（aNPP）分泌的 GRIF 的调控，前者促进 GtH 分泌而后者抑制 GtH 的分泌。人工催产时，采用 GnRH 类似物 LRH-A，并配合使用 GRIF 抑制剂 domperidone（DOM），可使 GtH 迅速达到峰值，有效诱导鱼类产卵。

4. 调节反应系统

激素之所以产生作用，是因为它与靶组织上一种特殊的受体蛋白结合形成激素-受体复合物，从而产生一系列生理效应。激素可以通过对靶细胞上的受体进行调节，改变靶细胞对激素的反应性。常用敏感性（受体亲和力）和反应能力（受体数量）来描述调节反应系统（modulation of response system）。大多数激素通过增加或减少受体数量使效应得到加强或减弱，如去卵巢大鼠注射少量雌激素后，子宫雌激素受体数量增加；长期大剂量使用胰岛素，淋巴细胞膜上胰岛素受体减少；激素也会通过改变受体亲和力调节效应大小，激素与受体结合后使受体构象发生改变，从而使另一受点部位和配体结合的亲和力发生改变。例如，胰岛素与受体结合量越高，受体的亲和力越低，呈现负性协同效应。以敏感性进行调节的反应系统为少数。

第二章 激素作用机制与激素受体

激素的来源复杂，种类繁多，按照化学性质、分泌部位和作用方式分为不同的类别。主要就其化学性质而言，分为含氮类激素（包括蛋白类激素、多肽类激素、氨基酸衍生物激素）、固醇类激素和脂肪酸衍生物激素。而且，不同化学性质的激素其作用机制、生物合成途径和分泌方式也不尽相同。此外，激素分泌除了本身的分泌规律外，还受到神经调节、体液调节以及自身调节。同时，机体对激素受体存在着调节过程。其中，激素对受体的调节是一个重要的方面。激素可以使同类或异类激素受体的数量增加或减少，也可改变受体和配体结合的亲和力等。

第一节 激素的化学性质与作用机制

一、激素的分类及化学性质

1. 按化学性质分类

按化学性质，激素可分为 3 类：含氮类激素、固醇类激素和脂肪酸衍生物激素，分别列于表 2-1 中。

表 2-1　主要的激素及其化学性质、来源和主要靶组织或器官

激素名称	化学性质	来源	主要靶组织或器官
促肾上腺皮质激素释放激素（CRH）	41 肽	下丘脑	腺垂体
促性腺激素释放激素（GnRH）	10 肽	下丘脑	腺垂体
促甲状腺激素释放激素（TRH）	41 肽	下丘脑	腺垂体
生长激素释放激素抑制素/生长抑素（GHIH/SS）	14 肽	下丘脑	腺垂体
生长激素释放激素（GHRH）	44 肽	下丘脑	腺垂体
催乳素释放因子（PRF）	肽类	下丘脑	腺垂体
促黑激素释放因子（MRF）	5 肽	下丘脑	腺垂体

续表

激素名称	化学性质	来源	主要靶组织或器官
促黑激素释放抑制因子（MRIF）	3 肽	下丘脑	腺垂体
抗利尿激素/血管加压素（ADH/VP）	9 肽	下丘脑	肾、血管
催产素（OXT）	9 肽	下丘脑	输卵管、子宫、乳腺等
促肾上腺皮质激素（ACTH）	39 肽	腺垂体	肾上腺皮质
生长激素（GH）	191 肽	腺垂体	骨、软骨组织
催乳素（PRL）	199 肽	腺垂体	乳腺
促黑激素（MSH）	18 肽	腺垂体	黑素细胞
甲状旁腺激素（PTH）	84 肽	甲状旁腺	骨、肾、肠
降钙素（CT）	32 肽	甲状腺 C 细胞、后鳃腺（鱼、禽）	骨、肾、肠
胰高血糖素	29 肽	胰岛 α 细胞	肝、脂肪组织
胰岛素	蛋白质	胰岛 β 细胞	多种组织
生长抑素（SS）	14 肽	胰岛 D 细胞	消化器官等
胰多肽（PP）	36 肽	胰岛 F 细胞	消化器官等
胸腺素	肽类	胸腺	T 淋巴细胞
胃泌素（G）	17 肽	消化道	消化器官
胆囊收缩素（CCK）	33 肽	消化道	消化器官
促胰液素（S）	27 肽	消化道	消化器官
促红细胞生成素（EPO）	165 肽	—	骨髓
人绒毛膜生长腺激素（hCS）	191 肽	人胎盘	母体及胎儿
尾紧张素 I、II（u-I、II）	41 肽、23 肽	尾下垂体	肾、鳃等
血管紧张素	小分子肽	肝脏	血管、肾上腺皮质
人绒毛膜促性腺激素（HCG）	糖蛋白	人胎盘	卵巢等
孕马血清促性腺激素（PMSG）	糖蛋白	孕马胎盘	卵巢
抑制素	糖蛋白	性腺	腺垂体
促甲状腺激素（TSH）	糖蛋白	腺垂体	甲状腺
促卵泡激素（FSH）	糖蛋白	腺垂体	性腺
黄体生成素（LH）	糖蛋白	腺垂体	性腺
糖皮质激素	固醇类	肾上腺皮质/肾间组织	多种组织
盐皮质激素	固醇类	肾上腺皮质/肾间组织	肾等排泄器官
睾酮（T）	固醇类	性腺	性腺等组织
11-酮基睾酮（11-KT）（鱼类）	固醇类	性腺	性腺等组织
雌二醇（E_2）	固醇类	性腺	性腺等组织
孕酮（P）	固醇类	性腺	子宫
其他性激素	固醇类	性腺	性腺等组织
1,25-二羟维生素 D_3[1,25（OH）$_2VD_3$]	固醇类	肾脏	消化道
促性腺激素释放抑制因子（GRIF）（鱼类）	多巴胺（dopamine，DA）	下丘脑	腺垂体
催乳素释放抑制因子（PIF）	多巴胺	下丘脑	腺垂体
肾上腺素（E）	胺类	肾上腺髓质/嗜铬组织	多种组织

續表

激素名称	化学性质	来源	主要靶组织或器官
去甲肾上腺素（NE）	胺类	肾上腺髓质/嗜铬组织	多种组织
褪黑激素（MT）	胺类	松果体	多种组织
甲状腺素（T4）	胺类	甲状腺	全身组织
三碘甲腺原氨酸（T3）	胺类	甲状腺	全身组织
前列腺素（PG）	脂肪酸衍生物	肝脏	血管、肾上腺皮质

注："—"表示未知

此外，也有学者将激素细分为 4 类：胺类及氨基酸衍生物激素、肽类及蛋白质激素、固醇类激素和脂肪酸衍生物激素。

2. 按分泌部位分类

按分泌部位可将激素分为 3 类：下丘脑分泌激素、垂体分泌激素和腺体分泌激素（表 2-1），其中，下丘脑分泌激素有 10 种，包括目前只在鱼类中发现的促性腺激素释放抑制因子（GRIF）。垂体分泌激素有 9 种，包括 2 种神经垂体激素和 7 种腺垂体激素。而腺体分泌激素种类繁多，较为复杂。

3. 按激素的作用方式分类

按激素发挥作用的方式可将其分为 4 类：第一类激素不能直接进入靶细胞，而是通过与细胞膜表面的受体结合后，产生第二信使环磷酸腺苷（cyclic adenosine monophosphate，cAMP）传递其信号发挥作用。第二类激素则可以直接穿过细胞膜进入细胞，然后与靶细胞细胞质中的胞内受体或细胞核上的核受体相结合，调控下游基因表达。第三类激素则通过酪氨酸激酶起作用，即通过促使靶蛋白的酪氨酸残基磷酸化起作用。该类激素包括胰岛素、表皮生长因子。第四类激素则通过肌醇三磷酸（IP₃）、Ca²⁺等第二信使发挥作用，这类激素主要是一些含氮类激素。

目前，对含氮类激素和固醇类激素的作用机制研究较多，对脂肪酸衍生物激素的作用机制尚缺乏系统研究。

二、激素的作用机制

1. 含氮类激素的作用机制

含氮类激素一般作用于靶细胞膜上的特异膜受体，受体活化后在细胞质侧与鸟苷酸结合蛋白（G 蛋白）结合，并激活膜内侧的下游靶蛋白腺苷酸环化酶（adenylyl cyclase，AC），活化后的 AC 促使 ATP 形成 cAMP 等第二信使，cAMP 再经一系列相关反应级联放大，首先激活蛋白激酶（蛋白激酶 A，PKA），蛋白激酶的调节亚基与催化亚基解离，游离的催化亚基表现出活性，催化胞内蛋白质的磷酸化，借助胞内信号分子和蛋白质将激素的化学信号传递到细胞核，进而调控和激活下游的分子，产生进一步的生物学效应。由于含氮类激素需要借助第二信使，故该学说称为"第二信使学说"（secondary messenger theory）（见图 2-1 中黄体生成素）。

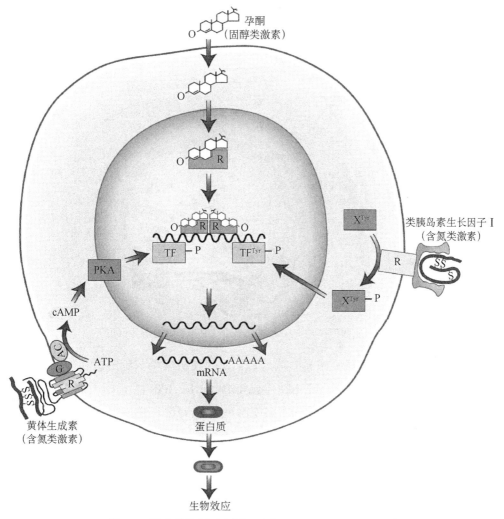

图 2-1　**激素的作用示意图**（引自 Shlomo et al.，2011）

R. 受体；TF. 转录因子；Tyr. 靶蛋白的酪氨酸残基；X. 靶蛋白

此外，激素与靶细胞膜上特异的受体结合激活 G 蛋白，活化的 G 蛋白还可以激活膜内侧的磷酸肌醇酶（磷脂酶 C，phospholipase C），其催化磷脂酸肌醇二磷酸（phosphatidyl inositol bisphosphate，PIP_2）分解为肌醇三磷酸（IP_3）和二酰甘油（diacylglycerol，DAG）。DAG 则进一步特异地激活蛋白激酶 C（PKC），促使细胞内靶蛋白的丝氨酸、苏氨酸等残基磷酸化，进而调节细胞的功能。而 IP_3 进入细胞质后，与内质网膜上特异的受体结合，打开膜上 Ca^{2+} 通道，使细胞质中 Ca^{2+} 浓度增加，Ca^{2+} 与钙调蛋白（calmodulin，CaM）结合，活化靶蛋白激酶，促使靶蛋白磷酸化，进而改变靶蛋白的生物学功能，调节靶细胞的功能（图 2-2）。

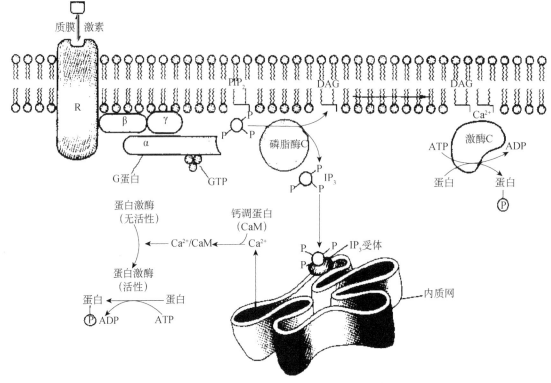

图 2-2　肌醇三磷酸作用途径示意图（引自王镜岩等，2009）

必须注意的是，尽管含氮类激素一般通过第二信使机制调节细胞的功能，但并非绝对。例如，胰岛素样生长因子Ⅰ（insulin-like growth factorⅠ，IGFⅠ），则通过与靶细胞膜上的受体结合，活化后促使胞内的靶蛋白的酪氨酸残基磷酸化，进而改变其生物学活性（见图 2-1 类胰岛素生长因子Ⅰ）。而生长激素、胰岛素和甲状腺素通过基因调节机制发挥生理作用。

2. 固醇类激素的作用机制

类固醇激素又称甾体激素，是一类四环脂肪烃化合物，具有环戊烷多氢菲母核，主要分为性类固醇激素（sex steroid hormone）和皮质激素（cortical hormone）。

类固醇激素的分子质量一般较小，它们到达靶细胞后首先穿过细胞膜进入细胞内，一方面，可与核内的核受体结合，然后与激素反应元件（接受区）结合，进而启动（或抑制）染色体 DNA 的转录过程，启动（或抑制）基因表达，从而促进（或抑制）基因转录形成 RNA，并诱导（或减少）特异蛋白质的生成，引起特定的生物学效应。随后，完成使命的受体可以重新进入细胞质，供下一次使用。由于类固醇激素调节了基因表达，故而被称为"基因调节机制"（见图 2-1 中孕酮等性激素）。另一方面，孕酮等性激素进入细胞后，也可结合细胞质中的核受体。此类激素受体在基础条件下与热休克蛋白在细胞质中以多聚体的形式存在。配体与受体的结合使受体与热休克蛋白解离，并暴露出隐藏在受体结构内的核转位信号，使受体转运到细胞核内，然后结合到激素反应元件，调控基因的表达。

第二节 激素的合成与代谢

在内分泌腺细胞中，激素的生物合成大多受基因调控，其具体生物合成途径分为两类：由激素的编码基因通过转录和翻译合成；通过细胞内的一系列酶系催化合成。激素生物合成后，其中，蛋白类激素、肽类激素通过囊泡释放出来，而固醇类激素和脂肪酸衍生物激素则直接释放。随后，激素通过血液、淋巴液和细胞外液等组织液转运至靶器官、靶组织和靶细胞，发挥作用后被降解而失活。

一、激素的生物合成

1. 蛋白类激素、肽类激素的生物合成

蛋白类激素、肽类激素的生物合成与蛋白质合成过程类似，首先合成大的肽链作为前体，然后经过酶的裂解形成具有生物活性的小肽。在细胞核中以 DNA 为模板转录合成 mRNA 前体，经过 5′端加帽、3′端加尾和内部甲基化等加工过程后形成成熟 mRNA，进入细胞质。随后在粗面内质网的核糖体中合成多肽，运送至内质网小腔内进行修饰，经粗面内质网加工修饰后，形成被膜包裹的分泌颗粒，转运至高尔基体，然后被带到细胞膜附近，通过出胞进入血液。因此，激素前体需进一步加工合成激素：首先，在核糖体中合成前激素原（pre-prohormone），其 N 端还有由 18～25 个氨基酸组成的信号肽。然后，前激素原进入内质网，加工去掉信号肽，成为激素原（pro-hormone）。最后，激素原脱去无活性的肽段，成为有生物活性的激素。

2. 类固醇激素的生物合成

在一系列的类固醇合成酶包括细胞色素 P450 基因家族（cytochrome P450，Cyp）和羟基类固醇脱氢酶家族（hydroxysteroid dehydrogenase，HSD）等的催化作用下合成类固醇激素。首先，初始底物胆固醇在类固醇激素合成急性调节蛋白（steroidogenic acute regulatory protein，StAR）作用下，从细胞质跨膜运送到线粒体内。然后，胆固醇（cholesterol）经 Cyp11a1、3β-HSD、17β-HSD 等一系列酶的催化，在性腺中合成雄激素睾酮，后者经 Cyp19a 编码的芳香化酶的催化合成雌激素雌二醇（17β-estrodiol，E_2）。此外，孕酮经 Cyp21a2、Cyp11b1 和 Cyp11b2 催化，在肾上腺合成皮质醇和醛固酮（图 2-3）。

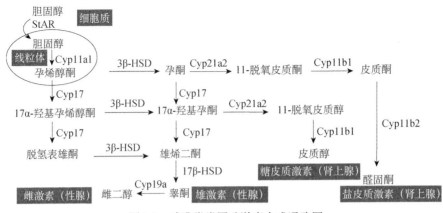

图 2-3   哺乳类类固醇激素合成通路图

在哺乳动物类固醇激素合成通路及硬骨鱼类的相关研究的基础上，Nagahama 教授等初步勾勒出了硬骨鱼类类固醇激素合成通路。硬骨鱼类的类固醇激素合成同样是以胆固醇为前体，在 Cyp11a1、3β-HSD、Cyp17a 和 Cyp19a1 等一系列类固醇合成酶的催化下，最终合成性激素（雌激素、雄激素）和皮质激素（可的松、醛固酮）等。值得注意的是，不同于哺乳类，在硬骨鱼类，睾酮还需经 Cyp11b2 和 11β-HSD2 催化合成最终的雄激素——11-酮基睾酮（11-keto testosterone，11-KT）。此外，在硬骨鱼类中，糖皮质激素（可的松、皮质醇）是由头肾的肾间细胞（相当于哺乳动物的肾上腺皮层组织）分泌合成的。

二、激素的分泌

激素的分泌方式有两类：第一，合成的肽类和蛋白类激素储存于囊泡中，当受到分泌信号的刺激后，激素通过形成被膜包裹的分泌颗粒，即囊泡，然后囊泡与细胞膜融合，最终经胞吐作用分泌出来。这类激素主要经历了合成、储存、分泌三个步骤。第二，类固醇激素和脂肪酸衍生物激素属于脂溶性物质，合成后立即释放，不需借助囊泡。

三、激素的转运

蛋白类激素和一些小分子激素如儿茶酚等水溶性激素，容易随着循环系统转运，而其他如类固醇激素等非水溶性激素，则需要结合血液中特异的血浆糖蛋白进行转运，如甲状腺激素、性激素、皮质醇结合球蛋白以及血浆白蛋白。

四、激素的失活和更新

激素通过血液、淋巴液和细胞外液等组织液转运至靶器官、靶组织和靶细胞，发挥作用后被降解而失活。大部分激素在肝、肾被酶解、破坏，随尿排出或随胆汁进入肠道由粪便排出，还有极少量的激素直接随尿液排出。激素从分泌到降解失活所经历的时间长短不一，一般用半衰期表示。血液中水溶性激素如肽类激素的半衰期仅 3～7min。而非水溶性激素如甲状腺素、类固醇激素，由于要和转运蛋白结合，半衰期相对较长。例如，血浆中的甲状腺素的半衰期为 190h，三碘甲腺原氨酸的半衰期为 19h。

第三节 激素作用的特点

激素种类繁多，功能也不尽相同，但是，它们在靶细胞发挥调节作用的过程中具有如下共同特征。

1. 激素作用的特异性

激素的作用具有组织特异性和效应特异性。激素虽然随血液运输至全身各处，但其只与靶器官、靶组织和靶细胞的细胞膜表面或细胞质内特异受体结合，经过细胞内生化反应而激发特定的生理效应。

2. 激素作用的高效性

一般情况下，激素在血液中的含量仅为纳摩尔每升至皮摩尔每升水平即可产生强烈的生理效应，即血液中微量的激素与受体结合后，在细胞内经过一系列酶促级联放大反应，便可引起较强的生理效应。

3. 激素的信息传递作用

激素在分泌细胞和靶细胞之间作为化学信使，将信息传递给靶细胞，从而加强或减弱靶细胞的生理生化过程，调节功能活动。因此，激素只是作为靶细胞间的信息传递者，起信使作用，激素既不能添加成分，也不会为生理活动提供能量。

4. 激素的相互作用

当多种激素共同参与某一生理活动的调节时，它们通过相互作用来共同维持激素的功能。它们的相互作用主要表现在以下几个方面。

（1）协同作用

协同作用（synergistic action）指两种（或几种）激素起相同或相似的作用，并相互促进。例如，生长激素与肾上腺素都具有升高血糖的作用；胰岛素和生长激素都具有升高胰岛素样生长因子（insulin-like growth factor，IGF）IGF Ⅰ和 IGF Ⅱ的作用；肾上腺素和去甲肾上腺素都可以增加心率。

（2）拮抗作用

拮抗作用（antagonistic action）指两种激素起相反作用，产生相反的生物效应。例如，胰岛素能降低血糖，而肾上腺素、胰高血糖素和糖皮质激素则升高血糖。

（3）允许作用（permissive action）

某些激素本身不能对某器官和细胞直接发生作用，但它的存在却是另一种激素产生生物效应的必要前提。例如，糖皮质激素本身不能引起心肌和血管平滑肌收缩，但只有它存在时去甲肾上腺素才能发挥收缩血管的作用。

5. 激素分泌的节律性

内分泌腺体是典型的具有节律性的功能器官，大部分激素的分泌及其含量都具有节律性变化。短者以分钟或小时为周期行脉冲式分泌，长者则以月、季为周期，多数激素表现为昼夜节律性分泌。例如，肾上腺皮质激素随昼夜节律升高和降低，每天上午 8～10 点是其分泌高峰期，随后分泌逐渐降低，到凌晨 0 点时，其分泌最少。同样皮质醇、生长激素、催乳素和睾酮等激素的分泌也具有昼夜节律性。也有一些腺体激素表现为间断的脉冲式分泌，如促肾上腺皮质激素。甲状腺激素呈季节性周期波动分泌。

激素分泌的昼夜节律受以下因素影响：受物种（生活于白天或夜间）、性别、年龄及生理状态的影响；同一个体或不同个体的内分泌节律可重复；受睡眠时间和周期的影响；受环境因素的影响；受内分泌的影响。

同样，鱼类性激素的分泌随繁殖周期的变化具有明显的节律性。例如，金头鲷第一个和第二个繁殖周期中，雄激素 11-KT 的水平呈周期性变化，在精子发生终末期达到最高水平，随后降低。相反，睾酮（T）的水平在两个繁殖周期过程中有所不同：第一个繁殖周期，排精后 T 水平升高，并维持在较高水平；而第二个繁殖周期，精子发生中期 T 水平显著上升，终末期急剧降低。血清中雌激素的水平，在两个繁殖周期中较为相似，在精子发生期都维持在较低水平，排精后一直维持在较高水平；第二个繁殖周期中，排精和排精后其水平都显著上升（图 2-4）。

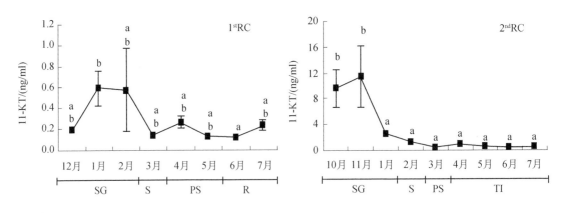

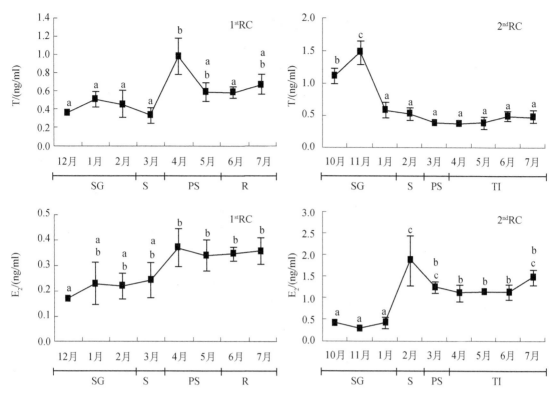

图 2-4　金头鲷血清中 11-KT、T 和 E_2 在不同繁殖周期中的周期性变化（引自 Chaves-Pozo et al.，2007）

SG. 精子发生；S. 产卵期；PS. 产卵后期；R. 休眠期；TI. 睾丸退化期

1stRC 和 2ndRC 分别表示第一、第二个繁殖周期；小写英文字母表示差异水平

第四节　激素分泌的调节

激素是调节和维持机体内环境稳态的重要因素，根据机体的生理需求，激素的合成和分泌受到严密的调控。激素的分泌除了受本身的分泌规律影响外，还受到神经调节、体液调节以及自身调节。

一、神经调节

神经系统主要通过两条途径调节激素的分泌。一条是通过自主神经系统直接调节和影响机体中富含交感及副交感神经纤维的内分泌腺体的活动。例如，胰岛、肾上腺髓质等腺体，以及许多散在的内分泌细胞受自主神经的支配。在应激状态下，交感神经活动加强，刺激肾上腺髓质分泌肾上腺素和去甲肾上腺素。夜间睡眠时，迷走神经活动占优势，可促进胰岛 B 细胞分泌胰岛素。进食期间，迷走神经刺激 G 细胞分泌胃泌素，促进胃液分泌。吸吮乳头

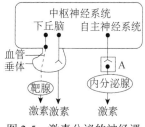

图2-5 激素分泌的神经调节（引自杨秀平等，2016）

通过神经反射引起催乳素和缩宫素释放，发生催乳反应等，这些都是神经调节的现象（图2-5）。

另一条是通过下丘脑对垂体进行调节。下丘脑是神经系统与内分泌系统紧密联系的重要枢纽，其依赖于在结构和功能上紧密连接的下丘脑与垂体形成的下丘脑-垂体-靶腺体内分泌轴，该轴前段包括两支，即下丘脑-腺垂体（含腺细胞）和下丘脑-神经垂体（不含腺细胞），这种激素分泌调节方式为间接神经调节或神经-体液调节。

一方面，下丘脑视上核及脑室旁核附近的大细胞神经元（magnocellular neuron）分别分泌的抗利尿激素/血管加压素和催产素，经过神经轴突传递进入神经垂体，储存后释放至血液中，运送至靶腺体、靶组织。另一方面，下丘脑促垂体区的肽能神经元分泌的激素（生长激素释放激素、促肾上腺皮质激素释放激素、促甲状腺激素释放激素、促性腺激素释放激素、生长抑素、多巴胺等）经垂体门脉进入腺垂体，促进腺垂体细胞合成和分泌激素（生长激素、促肾上腺皮质激素、促甲状腺激素、促性腺激素和催乳素），然后作用于对应的靶腺体、靶组织（肾上腺皮质、甲状腺、性腺、多种细胞和乳腺），刺激这些腺体和组织合成与分泌激素。此外，下丘脑投射神经元还可以将抗利尿激素/血管加压素和催产素投射，作用于靶神经（图2-6）。

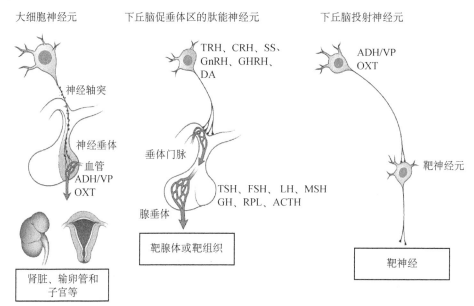

图2-6 激素分泌的神经调节（引自 Shlomo et al.，2011）

二、体液调节

激素除作用于靶器官、靶组织或靶细胞引起特定的生物效应外，激素随着血液循环还被运输至全身，反过来又控制激素的分泌来维持自身的平衡。反馈调节是内分泌体液调节的主要方式，包含正反馈和负反馈调节。反馈调节则又分为超短、短和长反馈调节。其中超短反馈指下丘脑分泌的激素对下丘脑自身的调节；短反馈指垂体分泌的激素对下丘脑的调节；长反馈指靶腺体分泌的外围激素对下丘脑和垂体的调节。

正反馈起增强的作用，如促卵泡激素（FSH）和雌二醇（E_2），腺垂体分泌的 FSH 能够促进卵巢卵泡的生长发育和 E_2 的生成，反过来卵巢中 E_2 的含量升高也可以促进 FSH 和黄体生成素（LH）的生成及激活 FSH 和 LH 受体的作用，进而促进卵泡发育和成熟。

负反馈则是先增强后抑制来维持激素的平衡，如促皮质释放激素（CRH）、促皮质激素（ACTH）和皮质醇。下丘脑分泌的 CRH，运送至腺垂体并促进其分泌 ACTH，释放的 ACTH 又刺激肾上腺皮质分泌皮质醇。当血液皮质醇浓度升高时，其反过来抑制下丘脑分泌 CRH 和抑制垂体分泌 ACTH，以及抑制肾上腺皮质自身的分泌，进而三者达到动态平衡。

正是由于存在反馈性调节，使得相距较远的器官、组织之间相互关联、相互制约来维持内分泌系统的稳态（图 2-7）。

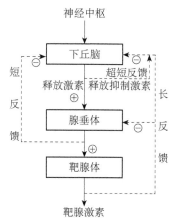

图 2-7　激素分泌的反馈调控（引自魏华和吴垠，2011）
促进——→；抑制----▶；⊕表示正反馈；⊖表示负反馈

三、自身调节

部分腺体自身也可通过感知体内环境或效应物变化，自主调节其所分泌的激素量。例如，碘是甲状腺激素合成的必需原料，甲状腺自身可以感知体内碘浓度变化来调节 T4 和 T3 的分泌。此外，胰岛细胞也可通过感知机体血糖浓度的变化来调节胰岛素和胰高血糖素的分泌。

第五节　激素受体特性及调节

激素必须与靶细胞表面或细胞内特异的受体结合后，介导激素的效应，发挥相应的生物学功能。因此，激素受体包括两个必需的功能：结合激素的能力和偶联激素触发信号通路而介导激素效应的能力。同时，激素受体具有特异性、亲和性、饱和性和可逆性的特征。此外，机体对激素受体存在着调节过程。在激素受体的调节中，激素对受体的调节是一个重要的方面。激素可以使同类或异类激素受体的数量增加或减少，也可改变受体和配体结合的亲和力。

一、激素受体的概念与特征

1. 受体（receptor）的概念及分类

激素受体是指靶细胞表面或细胞内能识别特异配体（如神经递质、激素、细胞因子等），并与其结合从而引起生物效应的天然高分子物质。受体的化学本质是蛋白质，而细胞表面的受体大多为糖蛋白。

激素受体分为细胞膜受体和细胞内受体，而胞内受体又可分为细胞核受体、细胞质受体。通常固醇类激素、甲状腺素的受体分布于细胞核中，而肽类、蛋白类和神经递质类激素的受体则分布于细胞膜上。

2. 受体的特征

由于血液中激素浓度较低，预示着激素与受体的结合以高亲和性为特征，而且，激素与受体的结合具有特异性、亲和性、饱和性和可逆性等特征。

（1）特异性

特异性（specificity）是指受体只存在于某些特殊的细胞即靶细胞中，且靶细胞受体只能和特异的配体结合，并引起特异的生物学反应。例如，黄体生成素可作用于睾丸的间质细胞，因为间质细胞有其特异的受体；子宫细胞中的雌激素受体只能与 17-β 羟二醇结合，而不能与 17-α 羟雌二醇结合，更不能与睾酮和孕酮结合。

（2）亲和性

激素与其受体结合的能力称为亲和力，且受体与其特异的配体结合能力最强。一般情况下，激素在血液中的含量仅为纳摩尔每升至皮摩尔每升水平，由于受体与其相应的配体有高度的亲和性（affinity），故而血液中微量的激素与受体结合后，也可引起较强的生理效应。

（3）饱和性

激素与受体的特异性结合具有饱和性（saturability），少量激素就可以达到饱和结合。增加配体浓度，可使受体饱和，此时若再增加信息分子的浓度，其生物学效应不再增加。然而，非特异性结合则不具有饱和性。此外，激素受体的数量有限，一般为 $10^3 \sim 10^5$ 个/细胞，如类固醇激素敏感细胞中，细胞质受体的数目最高为 10^5 个/细胞，雌激素受体数目为 $(0.1 \sim 5) \times 10^4$ 个/细胞。

（4）可逆性（reversibility）

激素与其受体以非共价键结合，是一种迅速的、可逆的反应。当激素和受体分离时，其生物学效应也终止。

二、激素受体的调节

20 世纪 80 年代，科学家们才意识到激素受体也受到机体的调节，其随着机体内环境的变化呈现有规律的变化。激素受体呈日内、年、性周期或月经周期等节律变化，此外，激素受体也受饥饿和饮食的影响。目前关于激素受体调节的研究重点是激素对受体的调节，其包括两部分，即激素对同类受体的调节和激素对异类受体的调节。

1. 激素对同类受体的调节

激素对同类受体的调节包括减量调节（反向调节）和增量调节（正向调节）。其中，减量调节（down-regulation）是指激素使同类受体数量减少的调节作用。例如，胰岛素、生长激素、促甲状腺激素释放激素、绒毛膜促性腺激素等都对同类受体有减量调节。增量调节（up-regulation）是指激素使同类受体数量增加的调节作用，激素通过增量调节使得效应加强。这类调节方式主要见于性类固醇激素对同类受体的调节。例如，雌激素对雌激素受体（estrogen receptor，ER）具有正调节，此外 FSH 对性腺中的其受体（follicle stimulation hormone receptor，FSHR）也具有正调控作用。

其中，受体的减量调节具有以下特征：①剂量依赖性，在一定范围内，激素浓度越高，受体数量减少越显著。②时间依赖性，在一定范围内，激素作用的时间越久，受体数量减少越显著。③激素生物活性依赖，激素受体的反向调节和激素的生物活性成正相关，生物活性较强的激素及其类似物使受体数量减少得更明显。④可逆性，当激素清除后，减少的受体数量又可恢复至最初的数量。

此外，激素对受体的调节还存在协同效应（cooperation）。协同效应是指激素除了使同类受体的数量改变以外，也会改变受体的亲和力，有些激素和受体的受点部位结合后使受体的构象发生改变，从而使另一受点部位与配体的亲和力发生改变。这种配体与受体的不同部位结合所造成的相互影响称作协同。协同效应分为正协同效应和负协同效应。其中，正协同效应是指配体与受体的结合，使得另一结合位点的亲和力升高。反之，负协同效应是指配体与受体结合，使得另一结合位点的亲和力降低。例如，胰岛素、促甲状腺激素释放激素和促甲状腺激素与受体的结合就存在负协同效应。

2. 激素对异类受体的调节

激素除了调节其同类受体外，还可以调节其异类受体，而且一种激素可能对不止一种异类受体具有调节作用（促进或抑制），而且对不同靶细胞上的同一类受体，激素对受体的调节作用也可以不一样。例如，雌激素能够抑制孕激素受体（progesterone receptor，PR）的合成，而孕激素则能促进雌激素受体（ER）合成。给未成熟大鼠注射 2.5μg 雌二醇/d，子宫 ER 增多；如果在第三天注射 2.5μg 雌二醇和 2.5mg 孕酮，则雌激素受体减少（图 2-8）。

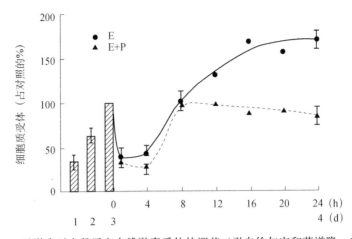

图 2-8　孕激素对大鼠子宫中雌激素受体的调节（引自徐仁宝和蒋道隆，1983）

●——● 表示每天给予 2.5μg 雌二醇，连续 3d；▲-----▲ 表示第一、第二天给予 2.5μg 雌二醇，
第三天给予 2.5μg 雌二醇和 2.5mg 孕酮；E 表示雌二醇；P 表示孕酮

第三章 鱼类、甲壳类和贝类的生殖器官

第一节 鱼类的生殖器官

鱼类的生殖器官由生殖腺（gonad）和生殖导管（genital duct）组成。生殖腺是发生和存储生殖细胞的场所，同时还产生性激素，以促进生殖细胞的发育和性征的形成与维持。生殖导管用来向外输送成熟生殖细胞。进行体内受精的鱼类，雄鱼有特殊交接器，可将成熟精子输入雌鱼生殖导管内。雌鱼生殖导管可以作为受精场所。

一、生殖腺

（一）基本结构

生殖腺起源于中胚层的下节，位于近生肾节的内侧，因背肠膜两侧的体腔表皮增厚而成为一条延长的生殖嵴（genital ridge），后来腹膜变为生殖腺的表皮层，而生殖嵴变为生殖腺本身及其导管。雄鱼的生殖腺为精巢（testis），产生精子（spermatozoon）；雌鱼的生殖腺为卵巢（ovary），产生卵子（egg）。精巢和卵巢分别由精巢系膜和卵巢系膜悬系于腹腔背壁，通过系膜与血管、神经发生联系。

1. 精巢

圆口类的精巢单个。例如，七鳃鳗精巢呈叶状，外面有一层腹膜，精巢被结缔组织隔膜分成许多封闭的囊泡，精子细胞附在其面。

板鳃类的精巢一般呈乳白色，多数成对，借精巢系膜悬系于腹腔背壁，系膜上有许多极细小的输出管（efferent duct）与肾脏前部发生联系，这部分肾脏几乎没有任何肾单位，仅作为精子通过的通道，可将这部分肾脏称为附睾（epididymis）。全头类的精巢也成对，呈卵圆形（图3-1）。

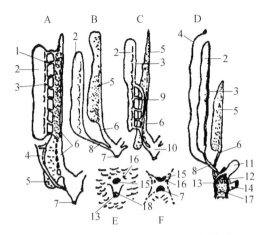

图 3-1 各种鱼类的雄性生殖器官（引自苏锦祥，1982）

A. 鲟；B. 真骨鱼类；C. 多鳍鱼；D. 非洲肺鱼；E. 鲑（♀）的尿殖乳突；F. 多鳍鱼（♂）的尿殖乳突

1. 输出管；2. 精巢；3. 精巢纵管；4. 米勒管；5. 中肾；6. 中肾管；7. 尿殖孔；8. 输精管；9. 长管；10. 尿殖窦；11. 膀胱；12. 生殖乳突；13. 泌尿孔；14. 直肠；15. 肛门；16. 腹孔；17. 泄殖孔；18. 输卵管孔

　　大多数硬骨鱼类的精巢成对，乳白色，呈圆柱状或盘曲的细带状，其横切面呈长形、椭圆形或三角形，精巢不与肾脏发生联系。未成熟的个体精巢平直，表面光滑，成体时多为长条形，左右精巢一般分开，在长度和大小上略有差异；在年老的个体则呈不规则的盘曲状，在表面也出现许多皱褶（如鲤科的种类）。当精巢成熟时，它生长到最大体积。通常两侧精巢在尾端合并，形成"Y"形，而索氏六须鲇（*Silurus soldatovi*）、乌塘鳢（*Bostrychus sinensis*）等一些鱼类左右两侧精巢在尾端不合并。

　　硬骨鱼类由于种类的不同，进化程度不同，精巢的结构也不尽相同。按照生精细胞的排列方式将硬骨鱼类的精巢分为两种类型：小叶型（lobular type）和小管型（tubular type）（图 3-2）。

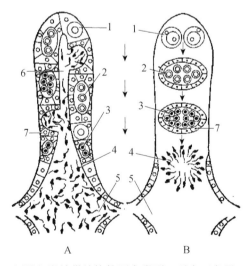

图 3-2 硬骨鱼类精巢结构的两个类型（引自王义强，1990）

A. 小叶型；B. 小管型

1. 精原细胞；2. 精母细胞；3. 精子细胞；4. 精子；5. 输精管；6. 小叶腔；7. 谢尔托立细胞

　　绝大多数硬骨鱼类的精巢为小叶型，小叶型精巢由许多被结缔组织分隔成的小叶组成，小叶中的原始精原细胞经历若干次有丝分裂，形成含有数个精原细胞的生精小囊。一个生精小囊中的生殖细胞大致都处于相同的发育阶段，随着精子发生到精子形成，生精小囊不断扩大，最后破裂，精子被释放进入与输精管相连接的小叶腔中。根据精巢精小叶的排列方式将真骨鱼类精巢分为壶腹型和辐射型（图3-3）。壶腹型精巢（图3-3A）以鲤科鱼类精巢为代表。精巢外被由结缔组织构成的精巢膜，从精巢膜向内伸出隔膜，将整个精巢分成若干个壶腹，每个壶腹又由许多生精小囊组成，精子就在生精小囊中形成，沿着精巢腹侧有输精管。辐射型精巢（图3-3B）见于鲈形目鱼类，如乌鳢（*Channa argus*）、褐菖鲉（*Sebastiscus marmoratus*）。辐射型精巢精子发育成熟的地方呈辐射排列的叶片状，叶片的壁同样由精巢膜伸入精巢而形成，整个精巢呈圆锥形，有纵裂的凹穴，底部有输精管。

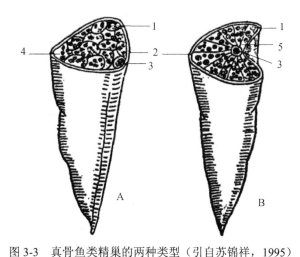

图3-3　真骨鱼类精巢的两种类型（引自苏锦祥，1995）

A. 壶腹型；B. 辐射型

1. 生精囊片；2. 固有膜；3. 输出管；4. 小叶；5. 辐射叶片

　　小管型精巢由许多定向排列的通向中央腔的小管组成，中央腔与输出管相通。在发育过程中，生精小囊发生分化，同时向输出管方向迁移。精原细胞仅存在于精小管的盲端，成熟精子只存在于靠近输出管的部位。属于小管型精巢的鱼类仅在银汉鱼目的一些种类中发现，如花鳉属的孔雀鱼（*Poecilia reticulate*）和扁鳍花鳉玛丽鱼（*Poecilia latipinna*），这些鱼都属于体内受精类型。无论哪种硬骨鱼类，其精巢中精子的发生和成熟均在生精小囊中进行。

　　2. 卵巢

　　大多数鱼类的卵巢是成对的，位于体腔的腹中线，紧贴于肾脏腹面两侧。根据外包膜性质以及有无与卵巢相通的输卵管等特点，鱼类卵巢可分为如下两种类型。

　　游离卵巢（free ovary）：又称为裸卵巢（gymnovarian），卵巢不为腹膜形成的卵巢膜所包围。这种卵巢一般不与输卵管直接相连，成熟卵先排入腹腔中，再经过输卵管腹腔口进入输卵管。一般认为游离卵巢代表原始类型的构造，如圆口类、板鳃类、全头类、肺鱼类、硬鳞类等的卵巢（图3-4）。圆口类的卵巢单个，没有输卵管，卵子直接由肛门后面的生殖孔排出体外。板鳃类的卵巢多呈长串型，大多成对，也有少数仅一侧发达。

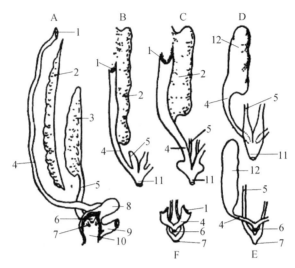

图 3-4　各种鱼类的雌性生殖器官（引自苏锦祥，1995）

A. 非洲肺鱼；B. 多鳍鱼；C. 弓鳍鱼；D. 雀鳝；E. 真骨鱼类；F. 鲑
1. 输卵管腹腔口；2. 卵巢；3. 肾脏；4. 输卵管；5. 中肾管；6. 输卵管孔；
7. 泌尿孔；8. 膀胱；9. 直肠；10. 泄殖腔；11. 尿殖乳突；12. 封闭卵巢

封闭卵巢（closed ovary）：又称为被卵巢（cystovarian），卵巢不裸露在外，而为腹膜所形成的卵巢膜所包围。多数硬骨鱼类卵巢为封闭卵巢，卵巢一般由卵巢膜、卵母细胞及卵巢腔组成。卵巢壁由两层被膜构成，外层为腹膜，内层为白膜。白膜由外到内依次为扁平上皮细胞、疏松结缔组织、间质组织和生殖上皮。白膜中的结缔组织向卵巢内部伸展与卵巢生殖上皮共同构成板层状结构，是产生卵子的地方，称产卵板，产卵板排列方向与卵巢纵轴垂直，卵巢腔位于卵巢一侧边缘，当卵巢充分发育时被压缩。多数硬骨鱼类的卵巢中具有卵巢腔和输卵管。卵巢腔是存在于卵巢内部的空腔，与输卵管相通。当卵母细胞成熟后，卵子突破滤泡膜进入卵巢腔，再经输卵管从泄殖孔排出体外。鲑科鱼类的输卵管较为特殊（图3-4），既有卵巢侧输卵管又有卵巢内输卵管，二者均在后端封闭失去作用，其体腔后端狭窄部的腹膜褶形成一生殖漏斗，生殖漏斗后有一生殖腔。成熟卵先排到腹腔，再进入生殖腔，通过肛门后的生殖孔排到体外。

根据卵巢中卵母细胞发育情况，可将卵巢发育分为如下三种类型。

完全同步型（synchronic）：卵巢内的卵母细胞同步发育，基本处于同一个发育阶段，通常一生只产一次卵就死亡，如降海产卵的鳗鲡（*Anguilla anguilla*）和溯河产卵的鲑（*Salmo salar*）。

部分同步型（partial synchronic）：卵巢内至少有两种处于不同发育阶段的卵母细胞群，如虹鳟（*Oncorhynchus mykiss*）、条斑星鲽（*Verasper moseri*）等，它们在一年内通常只产卵一次，生殖季节相当短。

不同步型（asynchronism）：卵巢内含有不同发育阶段的卵母细胞，一年内产卵多次，为分批产卵类型生殖季节相当长，如金鱼（*Carassius auratus*）、青鳉（*Oryzias melastigma*）。

（二）发育分期

多数硬骨鱼类的性腺发育过程，依据性腺的体积、色泽、性细胞成熟与否等标准，一般分为 6 个时期，在不同种类间，划分的标准稍有差别。

1. 精巢的发育分期

Ⅰ期　精巢呈细线状，紧贴于鳔两侧的体腔膜上，肉眼无法区分雌雄。切片可见无定向的精原细胞分散在结缔组织之间。此期精巢终生只出现一次。

Ⅱ期　精巢细带状，半透明或不透明，血管不显著，肉眼可区分性别。成束的精原细胞形成壶腹雏形，壶腹间有结缔组织相隔。Ⅱ期精巢终生也只出现一次。

Ⅲ期　体积增大呈圆柱状，质地较硬，表面光滑无皱褶，有毛细血管分布，呈淡粉色。实心壶腹中以初级精母细胞为主，有少量精原细胞。Ⅲ期精巢由Ⅱ期精巢发育而来，也可由Ⅵ期精巢排精后退化或自然退化而成。

Ⅳ期　精巢体积进一步增大，呈袋状，表面多褶皱，呈乳白色。出现壶腹腔，壶腹中存在不同发育阶段的生精细胞，包括初级精母细胞、次级精母细胞、精子细胞以及少量精原细胞，每一生精小囊都由同步发育的生精细胞组成。Ⅳ期末精巢达到最终大小，可挤出白色精液。

Ⅴ期　精巢呈块状，各精细管中充满成熟精子，提起亲鱼头部或轻压腹部，大量乳白色精液即从生殖孔流出。

Ⅵ期　排精后或自然退化的精巢。体积大大缩小，呈细带状，浅红色。仅剩精原细胞和少量初级精母细胞，管腔中有残存的退化精子。精巢一般退化到Ⅲ期然后再向Ⅳ期发育。

2. 卵巢的发育分期

Ⅰ期　性腺未成熟，紧贴于鳔两侧的体腔膜上，呈透明细线状，肉眼难辨性别。卵巢由Ⅰ时相卵原细胞组成。这是鱼类第一次性成熟过程中所特有的阶段，终生只出现一次。

Ⅱ期　卵巢呈宽带状，表面有毛细血管分布，颜色微红。肉眼可区别性别，但卵粒仍不可见。卵巢以处于小生长期的Ⅱ时相卵母细胞为主，也有卵原细胞。Ⅱ期卵巢可由Ⅰ期卵巢发育而来，也可由Ⅵ期卵巢排卵后退化或自然退化而成。

Ⅲ期　卵巢在成熟中，体积增大，血管密布，卵粒清晰可见但不能分离。以处于大生长期的Ⅲ时相卵母细胞为主，也有Ⅱ时相卵母细胞和卵原细胞。

Ⅳ期　卵巢体积很大，几乎充满体腔，卵粒大而饱满并可分离。一次产卵类型由Ⅳ和Ⅱ时相卵母细胞及卵原细胞组成，多次产卵类型则由Ⅳ、Ⅲ和Ⅱ时相卵母细胞及卵原细胞组成。

Ⅴ期　卵母细胞完全成熟，冲破滤泡膜排到卵巢腔或腹腔中呈游离状态。卵子透明而圆，提起亲鱼卵即可自动流出，或轻压腹部卵即可排出。

Ⅵ期　刚产完卵后的卵巢，组织松软、萎缩、充血，卵巢膜松弛变厚，卵巢内残留卵及空滤泡膜很快将被吸收，卵巢退化到Ⅱ期再重新发育。分批产卵类型的Ⅵ期卵巢内有不同时相的Ⅲ期、Ⅳ期卵母细胞，卵巢退化到Ⅲ期，再向Ⅳ期发育。

二、生殖导管

圆口类无特殊的生殖导管，成熟的生殖细胞直接落入体腔经肛门后方的生殖孔输出体外。

板鳃类的雄鱼以中肾管（沃尔夫管）为输精管，其前端多迂回，向后则渐变直，并扩大为贮精囊（seminal vesicle），其末端又突出 1 对长的盲囊，称为精囊，是退化了的米勒管的远端部分，贮精囊通入尿殖窦，再经尿殖乳突开口于泄殖腔。雄鱼的腹鳍内侧特化成鳍脚，为交接器。板鳃类雌鱼的输卵管由米勒管特化而成，左右输卵管在肝脏前方延伸成合一的输卵管腹腔口。输卵管后方有一扁平卵圆形膨大的卵壳腺（shell gland），受精卵经过此腺被包上卵囊，输卵管后端称为子宫（uterus），左右输卵管最后分别开口于泄殖腔，个别种类[如猫鲨（*Chiloscyllium punctatum*）等]左右输卵管合并后开口于泄殖腔。

全头类雄鱼的生殖导管也由输精小管、附睾、输精管、贮精囊等组成，与板鳃类相似，但无泄殖腔，输精管经尿殖窦独立开口于体外。雌鱼的生殖导管也与板鳃类相同，其卵壳腺较大，子宫较短，左右输卵管在后部合并后开口于尿殖窦。

真骨鱼类的生殖导管由腹膜褶连接而成，与肾管的关系不密切，许多鱼类输卵管与卵巢直接联合，它们有完全与泌尿管无关的生殖管。有些鱼（如胡瓜鱼科种类）的输卵管前端以一广阔的漏斗开口于体腔，不与卵巢直接联系。鲑科及鳗鲡科的雌鱼仅留有极短的漏斗或完全消失，卵经生殖孔排出，雄鱼有腹膜形成的输精管，连接精巢与生殖孔。真骨鱼类的生殖开孔并不一样，有的种类生殖管与泌尿管汇合后形成尿殖窦，以尿殖孔开口于体外；有的种类则生殖管与泌尿管独立开口于体外，由前至后为肛门、生殖孔和泌尿孔（如狗鱼类、鲑类、鲱类、电鳗类）（图3-5）。

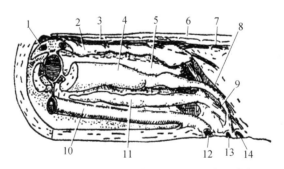

图 3-5　狗鱼类雄性个体内脏器官左侧观（引自孟庆闻，1989）

1. 中肾管; 2. 中肾; 3. 后主静脉; 4. 精巢; 5. 鳔; 6. 背主动脉; 7. 尾静脉;
8. 输尿管; 9. 输精管; 10. 肠; 11. 膀胱; 12. 肛门; 13. 生殖孔; 14. 泌尿孔

体内受精的鱼类，雄性多具有交接器。板鳃类、全头类雄性的腹鳍内侧生有交接器，也称鳍脚，交接器内具有软骨，沿交接器的全长有沟或管，精液可顺此流出。真骨鱼类一般无交接器，但鳉科鱼类多数为体内受精，形成比较简单的交接器，有的是生殖管或尿殖乳突向外延长而成的管状突起，有的是臀鳍前方几个鳍条扩大形成沟管连接在生殖孔。很少数种类，其输卵管延伸到体外形成延长的产卵管，如鳑鲏类雌鱼的产卵管便于把卵子产入河蚌的外套膜中，让受精卵在其中孵化。

三、生殖细胞

1. 精子

精子由头部、颈部和尾部组成。头部为精子的前端部分，由顶体和细胞核组成。颈部为头部与尾部的连接区，甚短，不易识别。尾部为推进器官，其长度往往为头部的数倍。鱼类的精子按其头部形态结构可分为三大类：螺旋形、栓塞形和圆形。螺旋形精子为板鳃类特有，其头部特别长，具顶体，呈螺旋形，顶端尖锐。板鳃类卵膜上没有卵孔，螺旋形的顶体有利于精子钻入卵膜。栓塞形精子为七鳃鳗（*Lampetra japonicum*）、鲟属（*Acipenser*）和澳大利亚肺鱼（*Neoceratodus forsteri*）所特有。圆形精子为真骨鱼类所特有，精子的头部呈圆形或椭圆形。精子形小，硬骨鱼类的精子长度多为 30～50μm。板鳃类的精子较大，鳐的精子长度约 215μm，头部约 50μm。鲟精子长 49.5μm，头部长 4.5μm（图 3-6）。

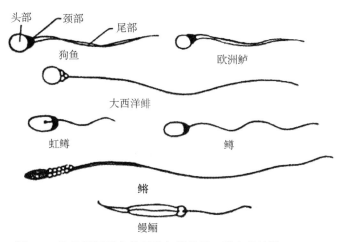

图 3-6　几种不同形态的硬骨鱼类精子（引自苏锦祥，1995）

2. 卵子

鱼类的卵为端黄卵，富含卵黄。不同鱼类的卵径大小和形态各异。圆口类七鳃鳗的卵圆形，卵径约 1mm。板鳃类的卵较大，卵生的卵多被角质外壳，卵壳形状随种而异，鼠鲨（*Lamna nasus*）的卵达 22cm。全头类银鲛目的卵也具卵壳。真骨鱼类的卵较小，多呈圆球状，卵径多 1～3mm，小的仅 0.3mm，大的可达 85～90mm。依卵的相对密度不同可分为浮性卵、沉性卵和黏性卵。浮性卵较小，产出后漂浮在水中或水面上，颜色透明，多具油球，卵膜无黏性，大多数海水真骨鱼类产浮性卵。沉性卵的相对密度大于水，卵黄周隙较小，产出后沉于水底。不少真骨鱼类的卵介于浮性卵与沉性卵之间。黏性卵的卵膜有黏性，可黏附在一定的固着物上，如燕鳐属（*Cypselurus*）的卵球形，无油球，卵膜较厚，卵膜两极有 30～50 条丝状物，卵借此附着在海藻上（图 3-7）。

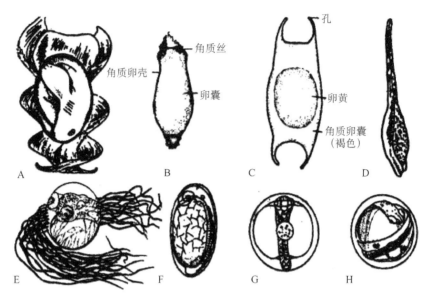

图 3-7　几种鱼类的卵（引自孟庆闻等，1987）

A. 宽纹虎鲨；B. 梅花鲨；C. 何氏鳐；D. 黑线银鲛；E. 燕鳐；F. 鳀；G. 真鲷；H. 带鱼

第二节　甲壳类的生殖器官

迄今为止，发现绝大多数甲壳类动物为雌雄异体，仅在少数真虾类和异尾类等种类中发现有真正意义的雌雄同体。甲壳类动物的雌雄生殖器官差异明显。下面以对虾和中华绒螯蟹（*Eriocheir sinensis*）为例介绍甲壳类生殖器官。

一、对虾的生殖器官

（一）雄性生殖器官的形态和组织结构

对虾的雄性生殖器官包括精巢、输精管和精荚囊等。

（1）精巢

精巢成对，皆为半透明乳白色。位于心脏前下方贴附于肝胰腺上。对虾精巢为指状或扁平叶片状，由许多精巢小叶组成，排列较紧密。依种类不同，精巢分叶的数量存在差异，每个精巢小叶有细管汇合于输精管基部。

（2）输精管

据其管径大小及形态结构差异分为前、中、后三段，输精管前段从各精巢小叶的基部伸出，前段肉眼难辨，管径细小，多支细管汇成一主管。输精管中段最粗，为圆筒状结构，有两处弯曲，沿鳃后缘下行，输精管中段和分泌管并行，具分泌功能。输精管后段管径变细，连接中段和精荚囊（图3-8）。

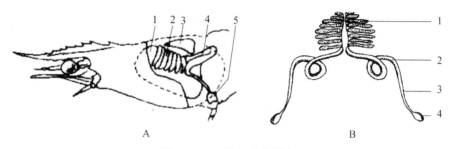

图3-8　对虾雄性生殖器官

A. 中国明对虾（*Fenneropenaeus chinensis*）精巢的位置。1. 肝胰腺；2. 精巢；3. 心脏；4. 输精管；5. 精荚囊（引自王克行，1997）。B. 长毛对虾雄性生殖器官。1. 精巢；2. 输精管中段；3. 输精管后段；4. 精荚囊（引自 Dall，1990）

（3）精荚囊

精荚囊由输精管后端部膨胀形成，位于第五步足基部，乳白色，外包一层荚膜，精荚囊壁厚且透明。精荚囊依种类呈桃形、椭圆形或锥形等，成熟时可见精荚囊内有乳白色精荚。精荚为包被精子的豆荚状鞘，是储存精子的结构，由瓣状体和豆状体组成。

（4）交接器

雄性交接器是由第一对游泳足左右内肢联合组成的管状结构。未成熟对虾的内肢为简单长形扁平结构，对虾成熟后左右内肢由一系列小钩状刚毛沿中线巧妙联结成简单、开放的足状交接器（图3-9）。由于不同属对虾的交接器在结构上存在细微差别，因此可作为主要的分类依据，如新对虾属（*Metapenaeus*）和仿对虾属（*Parapenaeopsis*）等。真虾类和龙虾类则没有雄性交接器。

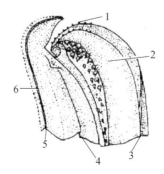

图3-9　对虾雄性交接器（引自刘瑞玉，2003）

1. 末缘小刺；2. 腹肋；3. 侧叶；4. 背侧小叶；5. 中叶；6. 钩毛

（5）雄性附肢

雄虾发育到一定阶段，在第二对游泳足内肢内侧有一突起，称雄性附肢（图 3-10），其结构也因种类而异。雄性附肢可以协助雄性交接器将成熟的精荚移入雌虾的纳精囊中。

图 3-10　日本囊对虾雄性附肢（引自刘瑞玉，1988）

（二）雌性生殖器官的形态和组织结构

对虾的雌性生殖器官包括卵巢、输卵管及交接器等（图 3-11）。

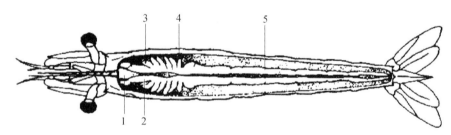

图 3-11　对虾雌性生殖器官（引自 Dall，1990）

1. 胃；2. 卵巢前叶；3. 卵巢侧叶；4. 输卵管；5. 卵巢后叶

1. 卵巢

卵巢多叶，可分为前叶、侧叶和后叶，位于肝胰腺背面。前叶 1 对，向头胸部前端腹面延伸，然后向背部折曲；侧叶 6～8 对，包被肝胰腺并向头胸部两侧腹面延伸，最末端的一对侧叶在充分延展时可达到头胸甲后缘；后叶 1 对，较细长，沿腹部背面向后延伸，在腹部各节逐步变细。依种类不同，后叶延伸的部位存在差异，对虾类最长，可延伸至尾节前方，真虾类和龙虾类延伸至第一腹节内，海螯虾类延伸至第五腹节处。虾类性成熟时，卵巢各叶膨大并向腹面两侧方向垂下。

2. 输卵管

输卵管为细管状，自第 5～6 侧叶处向头胸部的腹面延伸,开口于第 3 步足基部的生殖孔。

3. 交接器

雌性交接器为雌虾的受精器官，位于雌虾头胸部腹面第3～5步足之间，由第7～8胸节板演变而成，为接收和储存精荚的地方。雌性交接器有简单的开放式和复杂的封闭式结构，其组织构造上具明显的种间差异，在分类鉴定上被广泛应用。

（1）开放式交接器

开放式交接器为由骨片、刚毛及表皮衍生物共同组成的黏附精荚的结构（图3-12）。当雌雄虾交配时，雄虾通过交接器把精荚黏附其上，通过骨片和刚毛及精荚本身的黏液把精荚固定，精荚暴露在体外，产卵受精后自行脱落，如滨对虾属（*Litopenaeus*）、新对虾属、沼虾属（*Macrobrachium*）等。

（2）封闭式交接器

封闭式交接器为盘状或袋状结构，故又称为纳精囊（图3-13）。由头胸甲腹部腹甲凸起演变而成，形态各异，结构复杂。例如，对虾属的纳精囊为盘状，由前突、后突、中脊和侧板构成，中央纵裂；囊对虾的纳精囊为袋状，全封闭，上端开口。具封闭式交接器的虾类在交配时，雄虾将精荚送到雌虾的纳精囊内，精荚可在纳精囊内长时间储存，直到雌虾蜕皮时才脱落。

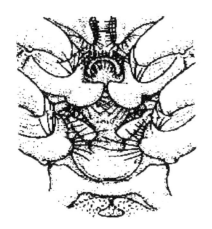

图3-12　凡纳滨对虾（*Litopenaeus vannamei*）
雌性交接器（引自刘瑞玉，2003）

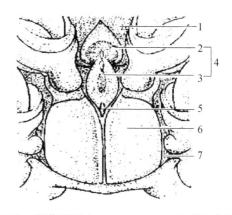

图3-13　斑节对虾（*Penaeus monodon*）雌性交接器
（引自刘瑞玉，2003）
1. 第13体节腹甲；2. 前突；3. 后突；4. 中疣突；
5. 中脊；6. 侧板；7. 第14体节腹甲

二、蟹类的生殖器官

1. 雄性生殖器官的形态和组织结构

河蟹的雄性生殖器官包括精巢、输精小管、输精管、贮精囊、副性腺、射精管、雄性生殖孔等部分（图3-14）。

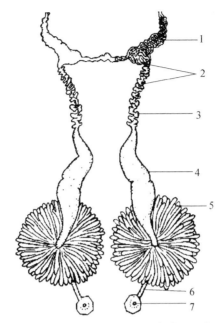

图 3-14　中华绒螯蟹雄性生殖器官（引自胡自强和胡运瑾，1997）

1. 精巢；2. 输精小管；3. 输精管；4. 贮精囊；5. 副性腺；6. 射精管；7. 雄性生殖孔

（1）精巢

精巢 1 对，呈白玉色，位于胃的侧后方和心脏两侧之前方，前端左右分离，而在胃的后方以一横桥相连。精巢由多数曲细管盘旋而成，曲精细管之间的填充物是结缔组织。曲精细管是产生生殖细胞的处所，生殖细胞不断增殖形成生殖带。由于精子的产生是分批进行的，因此在同一曲精细管的横切面上常常可见到多个不同发育阶段的生殖带。精巢发育早期，曲精细管较细，管腔小，内无或仅有一个生殖带，随精巢发育，曲精细管逐渐增粗，管腔内生殖带亦逐渐增多。

（2）输精小管

始于近精巢的后端，为高度盘曲的圆管，在小管的交叠处连有少量结缔组织。输精小管管壁较厚，但组织结构较简单，只有一层细胞结构，上皮细胞排列紧密。输精小管是形成精荚的处所。

（3）输精管

输精管为由输精小管继续向后延伸形成的两条稍粗的盘曲管道，后接膨大的贮精囊。

（4）贮精囊

贮精囊是输精管后方粗大而略呈"S"形弯曲的一段管道，其管壁由黏膜、肌层和外膜构成。贮精囊的管腔较大，是储存精荚的部位，其内常储存大量的精荚。

（5）副性腺

由许多开口于贮精囊与射精管交界处的管状结构组成，末端为盲管。副性腺的组织结构比较简单，管壁由上皮和外膜构成。

（6）射精管及雄性生殖孔

射精管紧接贮精囊，是副性腺连接处以后的一段管径较小的部分。射精管的管壁自内向外，由黏膜、肌层和外膜组成。射精管末端穿过肌肉，开口于胸板第 5 节外侧的雄性生殖孔。

2. 雌性生殖器官的形态和组织结构

河蟹的雌性生殖器官包括卵巢、输卵管、受精囊、阴道和雌性生殖孔等部分（图 3-15）。

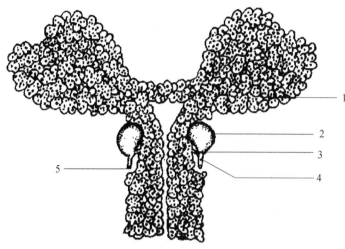

图 3-15　中华绒螯蟹雌性生殖器官（引自胡自强和胡运瑾，1997）
1. 卵巢；2. 受精囊；3. 输卵管；4. 阴道；5. 雌性生殖孔

（1）卵巢

卵巢 1 对，中部稍后有横桥相连，略呈"H"形，周缘分许多小叶而呈葡萄状。卵巢的形态、大小及颜色常随发育时期不同而异。卵巢初期体积较小，为灰白色或肉红色，以后随性腺成熟，颜色由浅变深，最后呈棕色或褐色。卵巢成熟时极度膨大，几乎占满头胸甲的绝大部分空间。

（2）输卵管

连接卵巢通向受精囊的 1 对短小的管道。输卵管壁由管壁上皮和外膜构成，管壁上皮是由高矮不一的单层柱状细胞构成，上皮游离面似有细胞质突起形成的纤毛。外膜由结缔组织构成的纤维膜构成。

（3）受精囊

受精囊是与输卵管末端相通且垂直的一个椭球形囊状结构，位于雌蟹腹面靠近中央部位。受精囊平时空瘪，交配后则贮满精荚和乳状物质而膨大，囊壁由黏膜和外膜构成。

（4）阴道及雌性生殖孔

阴道是连接受精囊与雌性生殖孔的 1 对较短的管道，由体壁内陷形成。在近生殖孔的一端阴道内壁衬有角质骨管，其长度约占阴道的一半。阴道壁由内向外为角质层、胶质层、上皮层和外膜。阴道穿过肌肉，分别开口于胸板第 3 节内侧的 1 对雌性生殖孔。

第三节　贝类的生殖器官

　　贝类生殖系统结构简单，仅有一对围绕在肠道周围、对称地排列在身体两侧的性腺，大多数外形像一个脉状分枝的盲囊式器官，少数如索足蛤科（Thyasiridae）种类，则与肝脏一起凸出在外套腔中呈树枝状。性腺一般位于内脏囊表层部，亦有伸入足部，个别伸入外套膜内或位于闭壳肌的周围。除了极少数种类以外，贝类在外形上没有第二性征，也没有交接器和副性腺。

一、贝类的性腺

　　贝类性腺一般由滤泡（follicle）、生殖管（genital canal）和生殖输送管（gonoduct）三部分构成。

　　滤泡是贝类形成生殖细胞的主要部位，由生殖管分枝末端膨大而形成，呈囊泡状，滤泡有雌雄区别，分雄性滤泡和雌性滤泡。滤泡壁由生殖上皮组织构成，生殖原细胞在此发育成精母细胞或卵母细胞，最后发育成精子或卵子。马氏珠母贝（*Pinctada martensii*）雄性滤泡中紧靠滤泡壁的精原细胞大量增殖，分化成不同发育阶段的生精细胞，逐渐向滤泡腔靠近，填充滤泡腔隙。到发育晚期，滤泡腔内充满成熟精子，精子头部朝向滤泡壁，尾部聚集成束朝向滤泡腔中央（图3-16）。马氏珠母贝雌性滤泡中的卵原细胞体积小，紧贴在滤泡壁上，并发育为胞体较大、核逐渐透亮的初级卵母细胞。早期的初级卵母细胞中无卵黄，随着卵母细胞生长，细胞形态发生变化，一端逐渐突向滤泡腔中，另一端通过卵柄仍与滤泡壁相连，卵黄逐渐出现并增多，细胞体积也逐渐增大，细胞形态从扁平或不规则形渐变为梨形，进而卵柄逐渐变窄，直至卵子成熟卵柄消失（图3-17）。通常雄性滤泡大小形状较一致，而雌性滤泡则大小不均匀。

图 3-16

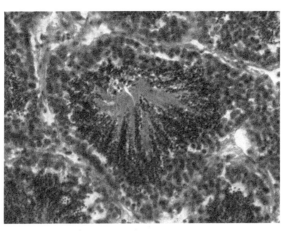

图 3-16　马氏珠母贝精巢（彩图扫二维码）

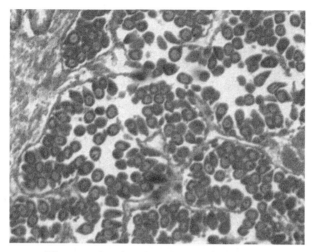

图 3-17

图 3-17　马氏珠母贝卵巢（彩图扫二维码）

在性腺发育过程中，除生殖细胞数量和类型有明显变化外，滤泡壁的结缔组织也有明显改变。早期滤泡，由于细胞都贴在滤泡壁上，看上去基本上是一空腔，滤泡之间的结缔组织发达。发育中的滤泡因卵母细胞或精母细胞的生长，滤泡腔逐渐被细胞填充，腔隙变狭窄。成熟滤泡无明显空隙，结缔组织不明显，整个性腺几乎都由充满生殖细胞的滤泡组成。可根据性腺颜色、饱满程度、滤泡形态、生殖细胞数量和类型对性腺进行分期。

贝类性腺成熟季节，在内脏囊周围和外套膜及上唇基部可看到生殖管，形似叶脉状，密布在网状结缔组织之间，并与滤泡相连接，它也是形成生殖细胞的主要部分。生殖输送管为由许多生殖管汇集而成的较大导管，管内壁纤毛丛生，缺乏生殖上皮，管外围有结缔组织和肌肉纤维。生殖输送管开孔在后闭壳肌下方和内鳃基部，有输送成熟生殖细胞的作用。少数如原鳃类（Protobranchia）及丝鳃类（Filibranchia）没有生殖导管，生殖细胞通过围心腔及肾脏排到体外。瓣鳃类（Lamellibranchia）具有独立的、很短的生殖管，在靠近外肾孔处开口于出水腔。

二、生殖细胞

以企鹅珍珠贝（*Pteria penguin*）为例介绍各个时期生殖细胞。企鹅珍珠贝见图 3-18a，性腺的滤泡结构见图 3-18b。

（一）精子的发生

根据精子发生过程中生殖细胞核大小和形态变化，生殖细胞分为精原细胞、初级精母细胞、次级精母细胞、精子细胞和精子。

1. 精原细胞

精原细胞分为两个类型：A 型精原细胞和 B 型精原细胞。A 型精原细胞与滤泡壁紧密相

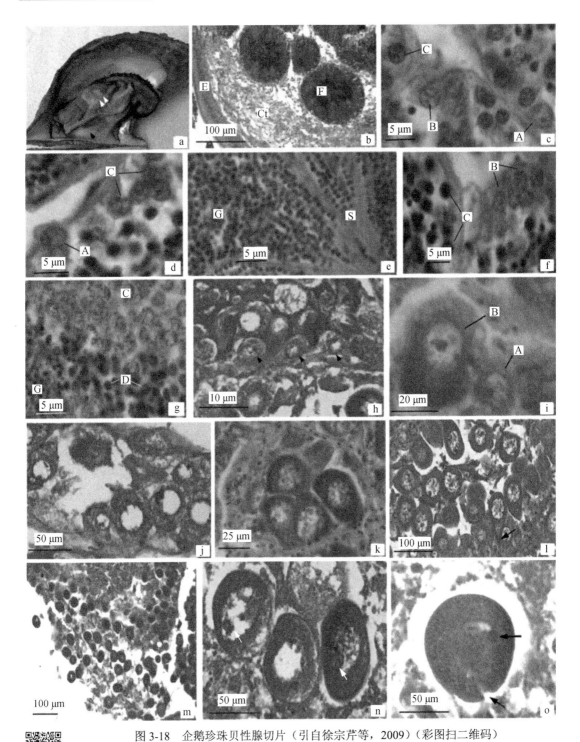

图 3-18　企鹅珍珠贝性腺切片（引自徐宗芹等，2009）（彩图扫二维码）

a. 企鹅珍珠贝（↑示性腺，↑↑示伸入足部的性腺）；b. 精巢结构（E. 带纤毛的上皮组织，Ct. 结缔组织，F. 滤泡）；c～g. 雄性滤泡（A. A 型精原细胞，B. B 型精原细胞，C. 初级精母细胞，D. 次级精母细胞，G. 精子细胞，S. 精子）；h. 卵巢切片（↑示卵原细胞）；i. 卵母细胞（A. 无卵黄初级卵母细胞，B. 卵黄形成初期卵母细胞）；j. 卵黄形成中期卵母细胞；k. 卵黄形成中后期卵母细胞；l. 滤泡中卵黄形成后期卵母细胞（↑示卵柄）；m. 排放的成熟卵子；n. 滤泡中的成熟卵母细胞（↑示偏位的核仁）；o. 退化卵子（↑示核仁和破裂卵膜）

连，分布于滤泡壁基膜上，细胞为不规则椭圆形或近圆形，细胞大小为（4～5）μm×4μm，胞膜分界不明显，细胞质较少，嗜酸性，被染成淡粉色，细胞核近圆形，大小为（3～4）μm×3μm，核膜清晰，核质染色较浅，染色质呈细颗粒状，稀疏透亮，主要分布于核膜边缘。核仁一个，直径约 1μm，常偏位（图 3-18c，d）。B 型精原细胞近圆形，大小约 4.0μm×3.5μm，细胞质少，核染色加深，表明核物质趋于紧密，核仁消失。B 型与 A 型精原细胞在滤泡内的分布无明显差别，是精原细胞向初级精母细胞转化的过渡阶段（图 3-18c，f）。

2. 初级精母细胞

近圆形，直径约 4μm，细胞着色明显加深，细胞质相对少，不明显。核呈圆形，直径约 3.6μm，几乎占整个精母细胞，核内染色质凝聚成染色体，分布在整个核区域，染色为深蓝紫色。核仁消失。初级精母细胞已离开基膜（图 3-18c，d，f，g）。

3. 次级精母细胞

明显小于初级精母细胞，近圆形，直径约 3.0μm，细胞质减少，染色较浅。核染色加深，直径约 2.7μm，染色体凝聚（图 3-18g）。

4. 精子细胞

为深染的圆形细胞，直径约 1.8μm，细胞质少，染色为淡粉色。核圆形，直径约 1.5μm，核质浓缩，染色进一步加深。精子细胞分布近滤泡中央，在成熟期的滤泡中易观察到（图 3-18e，g）。

5. 精子

光学显微镜下，精子头部为一染色极深的圆点，直径小于精子细胞，约 1.2μm，表明核质进一步浓缩。精子尾部呈淡粉色。精子头部朝向滤泡膜，而尾部朝向滤泡腔，呈放射状排列（图 3-18e）。

（二）卵子的发生

依据生殖细胞及核的大小、形态及卵黄物质含量，将雌性生殖细胞分为卵原细胞、无卵黄初级卵母细胞、卵黄形成期卵母细胞、成熟卵母细胞。

1. 卵原细胞

分布于滤泡壁基底，紧靠滤泡膜，胞体圆形或椭圆形，大小为（5～7）μm×7μm，细胞膜界限不清晰。细胞质呈淡蓝色，嗜弱碱性。细胞核相对较大（4μm×5μm），呈圆形，核膜清晰，染色质凝聚，散布于核内，呈淡蓝色，嗜碱性，核内核仁 1 个，直径约 2μm，偏位（图 3-18h）。在性腺发育早期，卵原细胞数目较多，滤泡膜上较易发现。

2. 无卵黄初级卵母细胞

由卵原细胞转为初级卵母细胞，其显著变化是核由着色较深逐渐转为透亮，形成椭圆形生发泡（12μm×10μm），细胞质转为嗜酸性，由淡蓝色染为淡粉色。胞体增大为（12～20）μm×12μm，细胞质较多。核膜清晰，核内可见染色质松散分布，有 1 个或 2 个染色深的较大核仁，直径约 5μm（图 3-18iA）。随着细胞发育，细胞游离端逐渐突入滤泡腔，但胞体大部分仍贴附于滤泡膜上。

3. 卵黄形成期卵母细胞

胞体形状不规则，已明显突入滤泡腔，但仍有大部分贴附于滤泡膜上。该期细胞开始积累卵黄物质，卵黄物质较均匀分布在胞质中，呈红色细小颗粒状，嗜酸性，着色较深。随卵黄和胞质逐渐增多，胞体明显增大，大小为（27.5～30.0）μm×25.0μm，质膜明显。生发泡大且透亮，大小为（15～20）μm×12μm，偏向滤泡膜一端，呈椭圆形。核膜清晰，染色丝分布不均匀，部分凝聚于核膜边缘，着色较浅。核仁 1 个或 2 个，直径约 5μm，染色较深（图 3-18iB）。随卵黄的积累，卵母细胞体积逐渐增大，细胞不断向滤泡腔突出，由不规则形逐渐变为椭圆形（图 3-18j）。胞质嗜酸性，卵黄颗粒均匀分布在细胞质中。生发泡圆形或近圆形，核质增多，核仁明显，1 个或 2 个，圆形，常偏位（图 3-18k）。随体积的进一步增大，细胞间相互挤压，使其形状不规则。卵母细胞与滤泡膜的接触面逐渐减少，最后卵母细胞仅剩一卵柄与滤泡膜相连（图 3-18l）。

4. 成熟卵母细胞

卵母细胞在滤泡内成熟时，卵柄与滤泡膜脱离。成熟卵母细胞胞体大小为（50～70）μm×60μm，细胞内充满卵黄颗粒，大而明显，分布均匀，着较深红色。生发泡大小为（30～45）μm×40μm，位于胞体中央，椭圆形，大而透亮，核膜清晰，着色较浅。核仁明显，1 个或 2 个，直径约 5μm，常偏位，染色较深，呈蓝紫色。在滤泡中，由于细胞间的相互挤压，形状变得不规则，有的呈圆形、椭圆形，也有的为多边形（图 3-18m，n），但输卵管中观察到的成熟卵子多为卵圆形。卵子成熟后大部分排出体外，但仍有少量卵子滞留于滤泡腔内，逐步退化。退化卵子游离于滤泡中，形状不规则。卵黄物质弥散，充满整个卵子，染色较成熟卵深。生发泡开始着色，不再透亮，核仁变大（直径 6～7μm），将要解体。核质染色加深，最后核与胞体着色相近，核膜不清楚，核、质难以分辨（图 3-18o）。

三、雌雄同体的性腺

（一）雌雄同体的类型及性腺特征

大多数贝类为雌雄异体（gonochorism），少数存在雌雄同体现象。所谓雌雄同体（hermaphroditism）是指一个体内同时含有可辨认的卵巢和精巢，并能够分别产生成熟卵子和精子（图 3-19）。雌雄同体个体所占群体比例一般较低，如马氏珠母贝养殖群体中最多可发现 5%的雌雄同体个体；牡蛎（*Ostrea gigas thunberg*）野生群体雌雄同体率在 0.5%以下，养殖群体可达 1.94%；栉江珧（*Atrina pectinata*）群体雌雄同体率可达 6.5%。

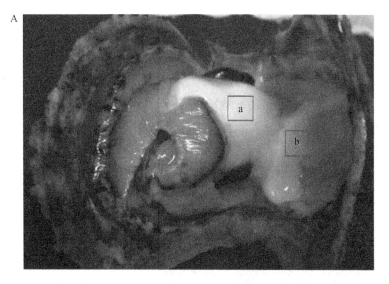

图 3-19

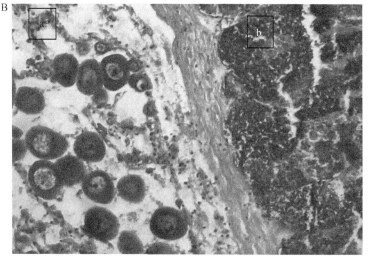

图 3-19 马氏珠母贝雌雄同体性腺外观（A）及组织切片（B）（彩图扫二维码）

a. 雌性性腺；b. 雄性性腺

  雌雄同体个体分为两种，一种为随机性的雌雄同体，即随机产生卵子或者精子，如扇贝科（Pectinidae）、砗磲科（Tridacnidae）和异韧带亚纲（Anomalodesmata）中的某些种类；另一种为连续性的雌雄同体，即所有的个体为同一性别，在生活史的某个时期，同时转变成另一性别，如栉孔扇贝（*Chlamys farreri*）。

  根据雌雄生殖细胞在性腺内的分布状况，处于雌雄同体时期的双壳类性腺可分为两种类型：①滤泡混合型（mix-follicular type），这种类型在性变过程中，两性生殖细胞在同一滤泡中出现；②滤泡并存型（para-follicular type），这种类型的双壳类雌雄生殖细胞分别位于不同的滤泡中，雌雄滤泡并存于性腺中的不同区域（图 3-19）。

（二）性逆转

少数雌雄异体的贝类存在性逆转（sex reversal）现象，即个体在不同生长期表现出不同性别，由雌性变为雄性，或由雄性变为雌性。从性别的转换方向看，雄性转变为雌性的类型占多数，但也有雌性转变为雄性及两种性别同时发育的情形。马氏珠母贝的性转换方向，目前一般认为是雄性先成熟，因其第一次性成熟时雄性占优势，随着贝龄的增加，雌性所占比例将会越来越高，到3~4贝龄，雌性所占比例会大于雄性。

性逆转发生时新配子细胞的来源可能有三种：①在原始性别发育期间，有一个静止的两性生殖细胞潜在库，性逆转时，潜在库就开始产生相应的生殖细胞；②在早期发育中可能产生两套分化的细胞，在第一成体性别期间这两种细胞一直存在并保持，当第二套分化细胞在整个性腺扩散时，就发生性逆转；③两种性原细胞都是由相同的子细胞所产生，具体产生哪种性原细胞，由内外因直接或间接控制干细胞来实现。

第四章　繁殖调节物质

第一节　鱼类的繁殖调节物质

鱼类繁殖（reproduction，生殖）是保证种群延续的各种生理过程的总称，包括生殖细胞（germ cell）形成、交配（mating）、受精（fertilization）以及胚胎发育（embryonic development）等重要事件，主要受"脑/下丘脑-垂体-性腺轴"调控（图 4-1）。鱼类繁殖活动的整个过程受多种物质调控，感觉器官感受外界环境因子（如温度、光照、降雨等）刺激，将信号传送到脑并促使下丘脑产生神经激素激发或抑制垂体合成和释放促性腺激素（GtH）；GtH 作用于性腺并促使其分泌性类固醇激素，以诱导性腺发育成熟以及排出精子和卵子。

一、神经激素

鱼类下丘脑（hypothalamus）神经内分泌细胞（neuroendocrine cell）既能产生和传导冲动，也能合成和分泌激素，其分泌物称为神经激素（neurohormone）。在鱼类中，下丘脑视前核（NPO）和外侧结节核（NLT）区域的神经分泌细胞核团与鱼类生殖内分泌关系最为密切。研究证实，视前核神经元产生的激素主要通过神经垂体与腺垂体之间的血液通道运送到腺垂体，同时，视前核神经纤维也可直接与腺垂体细胞建立突触联系；而 NLT 的神经纤维一般直接分布到中腺垂体的分泌细胞上，其末梢释放激素，调节腺垂体分泌细胞的分泌活动，即 NLT 通过突触联系控制腺垂体的分泌活动。参与鱼类繁殖活动的神经激素主要包括：促性腺激素释放激素（GnRH）、促性腺激素释放抑制因子（GRIF）以及褪黑激素（melatonin，MT）等。

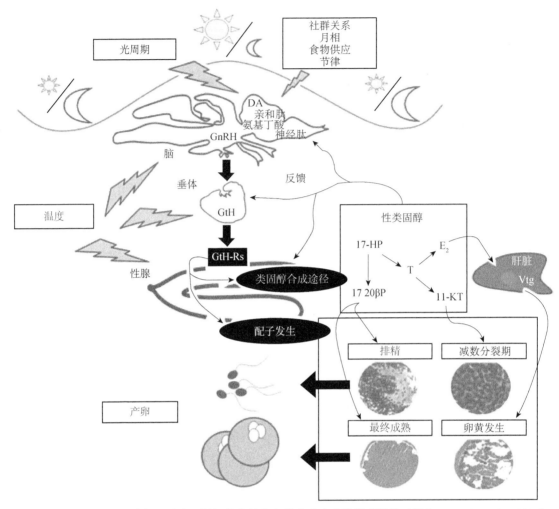

图 4-1　鱼类繁殖主要受脑/下丘脑-垂体-性腺轴上各类生殖内分泌激素调节（引自 Miranda et al.，2013）

1. 促性腺激素释放激素

促性腺激素释放激素（GnRH），又称促黄体生成素释放激素（luteinizing hormone releasing hormone，LHRH），是一种能够促进腺垂体合成与释放促性腺激素的十肽神经激素。GnRH 在 1971 年首次在哺乳类猪和牛的组织中分离鉴定出来，1983 年从鲑中鉴定出第一个非哺乳动物 GnRH，目前已在脊椎动物中鉴定出 25 种分子结构变异型（表 4-1）。在硬骨鱼类，至少 8 种 GnRH 已被成功分离：哺乳类 GnRH（m-GnRH）、鲑 GnRH（s-GnRH）、鸡 GnRH（c-GnRH Ⅱ）、鲷 GnRH（sb-GnRH）、鲇 GnRH（cf-GnRH）、鲱 GnRH（hg-GnRH）、青鳉 GnRH（pj-GnRH）和鲱形白鲑 GnRH（wf-GnRH）。不同物种间 GnRH 分子结构存在差异，硬骨鱼类 GnRH 在第七位和第八位肽链上与哺乳动物 GnRH 有区别，但分子活性部分在所有脊椎动物中相似（图 4-2）。

表 4-1 脊椎动物 25 种 GnRH 变体的氨基酸序列

种类	GnRH	1	2	3	4	5	6	7	8	9	10
鱼类	哺乳动物 GnRH	pGlu	His	Trp	Ser	Tyr	Gly	Leu	Arg	Pro	Gly-NH$_2$
	银汉鱼 GnRH	pGlu	His	Trp	Ser	Phe	Gly	Leu	Ser	Pro	Gly-NH$_2$
	海鲷 GnRH	pGlu	His	Trp	Ser	Tyr	Gly	Leu	Ser	Pro	Gly-NH$_2$
	鲇 GnRH	pGlu	His	Trp	Ser	His	Gly	Leu	Asn	Pro	Gly-NH$_2$
	鲱 GnRH	pGlu	His	Trp	Ser	His	Gly	Leu	Ser	Pro	Gly-NH$_2$
	白鲑 GnRH	pGlu	His	Trp	Ser	Tyr	Gly	Met	Asn	Pro	Gly-NH$_2$
	鸡 GnRH2	pGlu	His	Trp	Ser	His	Gly	Ser	Tyr	Pro	Gly-NH$_2$
	大麻哈鱼 GnRH	pGlu	His	Trp	Ser	Tyr	Gly	Trp	Leu	Pro	Gly-NH$_2$
	三棘鱼 GnRH	pGlu	His	Trp	Ser	Tyr	Gly	Leu	Asn	Pro	Gly-NH$_2$
	腔棘鱼 GnRH	pGlu	Tyr	Trp	Ser	Tyr	Asp	Leu	Arg	Pro	Gly-NH$_2$
	狗鲨 GnRH	pGlu	His	Trp	Ser	His	Gly	Trp	Leu	Pro	Gly-NH$_2$
	猫鲨 GnRH1	pGlu	His	Trp	Ser	Phe	Asp	Leu	Arg	Pro	Gly-NH$_2$
	猫鲨 GnRH2	pGlu	His	Trp	Ser	His	Gly	Trp	Tyr	Pro	Gly-NH$_2$
	猫鲨 GnRH3	pGlu	His	Trp	Ser	His	Gly	Trp	Leu	Pro	Gly-NH$_2$
	姥鲨 GnRH1	pGlu	His	Trp	Ser	Ile	Asp	Asn	Arg	Pro	Gly-NH$_2$
	姥鲨 GnRH2	pGlu	His	Trp	Ser	His	Gly	Trp	Tyr	Pro	Gly-NH$_2$
	鲸鲨 GnRH1	pGlu	His	Trp	Ser	Phe	Asp	Leu	Arg	Pro	Gly-NH$_2$
	鲸鲨 GnRH2	pGlu	His	Trp	Ser	His	Gly	Trp	Tyr	Pro	Gly-NH$_2$
	鲸鲨 GnRH3	pGlu	His	Trp	Ser	His	Gly	Trp	Leu	Pro	Gly-NH$_2$
其他脊椎动物	蛙 GnRH	pGlu	His	Trp	Ser	Tyr	Gly	Leu	Trp	Pro	Gly-NH$_2$
	七鳃鳗 GnRH1	pGlu	His	Tyr	Ser	Leu	Glu	Trp	Lys	Pro	Gly-NH$_2$
	七鳃鳗 GnRH2	pGlu	His	Trp	Ser	His	Gly	Trp	Phe	Pro	Gly-NH$_2$
	七鳃鳗 GnRH3	pGlu	His	Tyr	Ser	His	Asp	Trp	Lys	Pro	Gly-NH$_2$
	鸡 GnRH1	pGlu	His	Trp	Ser	Tyr	Gly	Leu	Gln	Pro	Gly-NH$_2$
	豚鼠 GnRH	pGlu	Tyr	Trp	Ser	Tyr	Gly	Val	Arg	Pro	Gly-NH$_2$

哺乳类GnRH：
焦谷－组－色－丝－酪－甘－亮－精－脯－甘－NH$_2$

大麻哈鱼GnRH：
焦谷－组－色－丝－酪－甘－色－亮－脯－甘－NH$_2$

图 4-2 哺乳类和大麻哈鱼 GnRH 结构比较（引自林浩然，1987）

根据 GnRH 前体蛋白（prepro-GnRH）的序列与结构，GnRH 家族成员可划分为 4 种类型：GnRH1、GnRH2、GnRH3 和 GnRH4。硬骨鱼类的 GnRH 主要属于前 3 种类型（GnRH1、GnRH2 和 GnRH3），而第 4 种类型目前只存在于最原始的脊椎动物七鳃鳗（*Lampetra japonica*）中。根据基因组进化分析，脊椎动物出现时就已有 4 种同源形式的 GnRH 类型，与硬骨鱼类和四足动物的分化相一致（图 4-3）。但在进化过程中，GnRH 在不同物种中出现了不同的丢失事件，导致不同物种 GnRH 类型的差异。在硬骨鱼类中，由于 GnRH1 会在部分硬骨鱼类中缺失，导致不同鱼类含有的 GnRH 类型不同，出现 2 种或 3 种，但至少包含

GnRH2 和 GnRH3 这两种保守的 GnRH 类型。鱼类 GnRH2 和 GnRH3 氨基酸序列非常保守，而 GnRH1 的氨基酸序列在不同物种中变化较大。此外，不同类型的 GnRH 除结构上的差异，在鱼类脑和垂体中的分布也有所不同，从而导致不同 GnRH 类型的生理功能也存在差异。有趣的是，一些鲤科和鲑科鱼类，如斑马鱼（*Danio rerio*）、金鱼等，垂体中没有 GnRH1 神经元，但是含有 GnRH3 神经元，GnRH3 代替了 GnRH1 调节垂体激素的合成与分泌，从而显示出鱼类的 GnRH 具有显著的功能互补性。在同时存在 3 种 GnRH 类型的鱼类中，GnRH1 是刺激 GtH 分泌的主要 GnRH 类型；而在缺失 GnRH1 的鱼类中，GnRH3 将主要承担调节垂体促性腺激素的作用，成为发挥生殖调控生理功能的主要类型。

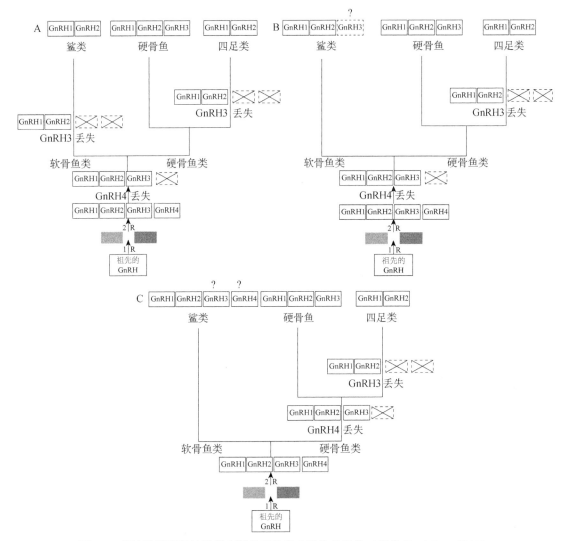

图 4-3　促性腺激素释放激素在脊椎动物体内进化的假设（引自 Tostivint，2011）

A. *gnrh3* 基因在四足动物谱系和软骨鱼类谱系中的丢失独立发生两次；B，C. *gnrh3* 基因的丢失只发生在一个四足动物谱系内；A，B. *gnrh4* 基因的丢失发生在软骨鱼类/骨裂分裂之前；C. *gnrh4* 基因的缺失发生在软骨/骨裂分裂之后。不同 GnRH 的名称在表示基因的框中给出了同源词。☒代表丢失的基因，而虚线框代表推定的基因通常,硬骨鱼类脑和垂体可同时含有不同种 GnRH,但不同物种脑和垂体中含有的 GnRH 种类及数量存在明显差异。除脑与垂体之外,GnRH 还广泛分布于生殖、消化和免疫组织中,但功能各异。下丘脑 GnRH 与腺垂体中促性腺激素细胞膜上的 GnRH 受体结合,通过 IP$_3$ 和二酰甘油(DG)以脉冲形式传递信息,导致细胞内 Ca^{2+} 浓度增加,促使血浆中促性腺激素(GtH)呈现脉冲式波动发挥作用。例如,鲤鱼(*Cyprinus carpio*)下丘脑提取物可刺激离体的鲤鱼垂体释放 GtH,也可促使血浆 GtH 水平上升。脑室内注射金鱼下丘脑抽提物、小脑抽提物和脊髓抽提物,结果只有下丘脑抽提物能刺激金鱼血清 GtH 水平上升。

2. 促性腺激素释放抑制因子

促性腺激素释放抑制因子(GRIF)是一种抑制促性腺激素释放的神经激素。该激素在雌鱼和雄鱼中均存在,主要位于外侧结节核(NLT)和视前围脑室核(NPP)的前腹区。研究表明,电损伤鱼体 NLT 和 NPP 前腹区,可引起血清 GtH 水平升高,并出现排卵。GRIF 对 GtH 抑制作用受鱼体垂体中 GtH 储存量影响。例如,当损伤性腺退化的雌性金鱼时,只引起少量 GtH 分泌或 GtH 水平并不升高;在卵巢经历恢复期时,则有与成熟雌鱼一样的反应。

3. 褪黑激素

褪黑激素(5-甲氧-*N*-乙酰色胺,MT)为由松果体(pineal gland)合成和分泌的一种吲哚类神经激素。该类神经激素的主要功能是抑制性腺发育,也有研究表明低剂量的 MT 可促进性腺发育。褪黑激素对性腺发育的作用受季节、光周期、水温以及处理鱼体年龄和性腺发育时期等因素的综合影响。鱼类排卵时,血液中褪黑激素含量明显低于排卵以前各个时期。对金鱼、青鳉和底鳉注射 MT 能抑制长光周期对性腺发育的促进作用。此外,有些鱼类低温能促进褪黑激素的分泌,有些鱼类高温能促进褪黑激素的分泌。

二、神经递质、神经肽

目前发现的多种神经递质[包括多巴胺(DA)、去甲肾上腺素(NE)、5-羟色胺(5-HT)及 γ-氨基丁酸(γ-aminobutyric acid,GABA)等]和神经肽[甘丙肽(galanin,GAL)、kisspeptin 和促性腺激素抑制激素(gonadotropin-inhibitory hormone,GnIH)等]参与下丘脑-垂体-性腺轴调控通路。

1. 神经递质

在哺乳动物中,多巴胺和去甲肾上腺素都可通过影响 LHRH 的释放进而引起对黄体生成素(LH)分泌的影响;多巴胺既能刺激 LH 分泌又能抑制 LH 分泌,去甲肾上腺素具有明显刺激 LH 释放的作用。在鱼类中,多巴胺被认为是一种 GRIF,它既能抑制 GtH 分泌,又能降低垂体对 GnRH 的反应。多巴胺可通过和垂体 GtH 细胞的 D-2 型受体结合而抑制 GtH 释放。DA 的特异性拮抗剂 domperidone(DOM)能阻断 DA 作用,从而促进 GtH 的分泌。研究表明,去甲肾上腺素参与调节鱼类促性腺激素的分泌。5-羟色胺是一种杂环胺,分子式

为 $C_{10}H_{12}N_2O$，作为一种重要的神经递质，5-羟色胺能够促进 GtH 的释放，进而诱导卵巢的成熟。γ-氨基丁酸分子式为 $C_4H_9NO_2$，是广泛分布于中枢神经内的一种抑制性神经递质，通过下丘脑-垂体-性腺轴影响垂体和性腺生理机能，从而参与激素的分泌调节。

2. 神经肽

甘丙肽（GAL）是由 29～30 个氨基酸组成的神经肽，其 N 端为甘氨酸，C 端为丙氨酸残基。GAL 广泛分布于中枢神经系统的各个脑区，分布特点具有种属差异，在雌雄性间也呈异构型差异。目前已克隆出 3 个甘丙肽受体，分别是甘丙肽受体 1、甘丙肽受体 2 和甘丙肽受体 3。GAL 可通过受体直接作用于下丘脑 GnRH 神经元，对下丘脑-垂体-性腺轴起调节作用，具有促进 LH 释放及促排卵的作用。GAL 在雌性 GnRH 细胞中的含量高于雄性，切除卵巢后，含量进一步升高。

RF 肽家族对生殖系统的神经内分泌调控起直接或间接作用。其中，新型的神经内分泌因子 kisspeptin 和 GnIH 这 2 种 RF 肽对生殖轴的调控起相反作用，kisspeptin 刺激垂体 GtH 的合成与释放，而 GnIH 抑制 GtH 的合成与释放。kisspeptin 由 *kiss1* 基因编码，其受体为 G 蛋白偶联受体 GPR54。GnIH 的受体 GnIHR 是一种 G 蛋白偶联受体。kisspeptin 和 GnIH 的神经纤维均能延伸到 GnRH 神经元聚集的视前区。鱼类生殖轴存在 kisspeptin 和 GnIH 的正负调控系统。kisspeptin 可刺激 GtH 的合成与释放，同时，下游的性类固醇激素也可通过负反馈或正反馈调控 kisspeptin 的表达。GRIF 在金鱼中可抑制 LH 释放，在鱼类的生殖轴中存在 GRIF/GRIFR 的负调控系统。

三、促性腺激素

促性腺激素（GtH）是由鱼类腺垂体分泌的促进性腺发育和繁殖的主要内分泌激素，鱼类存在两种典型的 GtH，即 GtH-Ⅰ 和 GtH-Ⅱ。硬骨鱼类的 GtH 具有与高等脊椎动物 GtH 相似的生化结构和生物学特征，均由一个共同的 α 亚基和另外一个激素特有的 β 亚基组成，即 GtH-Ⅰ 由共同的 α 亚基和 GtH-Ⅰβ 亚基组成；GtH-Ⅱ 由共同的 α 亚基和 GtH-Ⅱβ 亚基组成。与哺乳类相比，鱼类 GtH-Ⅰ 的 β 亚基和哺乳类的 FSH β 亚基相似度高，GtH-Ⅱ 的 β 亚基和哺乳类的 LH β 亚基相似度高。因此，鱼类的两种 GtH（GtH-Ⅰ 和 GtH-Ⅱ）也被分别归类为哺乳动物的促卵泡激素（FSH）和黄体生成素（LH）。

目前已经克隆出 50 多种鱼类编码促性腺激素亚基的基因。鱼类 GtH-Ⅰα 亚基的基因组结构和哺乳类 GtH-Ⅰα 亚基相似，均由 4 个外显子和 3 个内含子组成，但前者长度只有 1.2kb，而后者为 8～16.5kb。鱼类 GtH β 亚基的基因亦和哺乳类类似，都含有 3 个外显子和 2 个内含子，其长度亦都是 1.2kb；外显子/内含子的连接部位在进化上很保守，都在氨基酸密码子 22/21 和 38/39 处；TATAA 盒子位于自转录起点上游的 21bp 处；3 个外显子的可读框大小和哺乳类 GtH β 亚基基因相应的外显子几乎完全一样。鱼类 GtH-Ⅱβ 亚基基因与哺乳类的主要差别是第三个外显子的非编码区要比哺乳类 GtH-Ⅱβ 亚基基因长得多,但它的内含子要比哺乳类的短。在鱼类,GtH 蛋白在同一目物种间同源性远高于不同目间物种的同源性。不属于同一目的鱼类之间的氨基酸序列同源性,取决于物种的系统发育地位。例如,鲈形目的氨基酸序列与鲽形目的同源性平均为 82.5%,而与鳗鲡目的同源性平均只有 59.1%。但同一物种 GtH-Ⅰ（FSH）β 和 GtH-Ⅱ（LH）β 亚基之间的核苷酸及氨基酸相似度较低,尼罗罗非鱼（*Oreochromis niloticus*）GtH-Ⅰ（FSH）β 和 GtH-Ⅱ（LH）β 亚基分别只有 31.6% 的核苷酸相似度及 21.9% 的氨基酸相似度。对不同鱼类 GtH 亚基的二级结构分析表明,GtH α 主要是 α 折叠和 β 转角,GtH-Ⅰ（FSH）β 主要为 β 转角,GtH-Ⅱ（LH）β 是以 β 转角和 β 折叠为主,与哺乳类的 GtH 亚基的二级结构相似（图 4-4）。

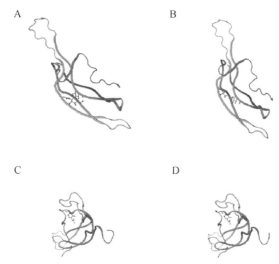

图 4-4 人类和斑马鱼 FSH 和 LH 的三维结构示意图

A 和 B 分别是人和斑马鱼的 FSH 的三维结构；C 和 D 分别是人和斑马鱼的 LH 的三维结构

促性腺激素作用于精巢和卵巢,其重要作用包括:增加性类固醇激素的生成与分泌,促进配子生成、性腺发育和排精排卵。鱼类 GtH 的生成和释放受促黄体生成素释放激素（LHRH）、促卵泡激素释放激素（FSHRH）以及 GRIF 调控,也可通过性激素反馈调节垂体或下丘脑的分泌功能。血液中的 GtH 必须与靶细胞表面的特异性受体促性腺激素受体（gonadotropic hormone receptor,GtHR）相互作用才能行使其相应的生物学功能。

四、性类固醇激素

鱼类性腺能合成多种性激素,主要包括雌激素、雄激素和孕激素等。性激素的化学本质是类固醇,所有类固醇分子都具有共同的母核结构（环戊烷多氢菲）,其核心结构都包括 4 个环。根据环上连接的基团和空间构型的差异,分为不同功能的类固醇激素。

1. 孕激素

孕激素（progestogen）为含有 21 个碳原子的类固醇激素，在鱼类中发现的主要种类包括：孕酮（P）、17α-羟孕酮（17α-hydroxyprogesterone，17α-OHP）、17α，20β-二羟基-4-孕烯-3-酮（17α，20β-dihydroxy-4-pregnen-3-one，DHP，又称 17α，20β-双羟孕酮）以及 17α，20β，21-三羟孕酮（17α，20β，21-trihydroxy-4-pregnen-3-one；20β-S）（图 4-5）。孕酮和 17α-羟孕酮由卵泡的特殊鞘膜细胞合成和分泌，17α，20β-双羟孕酮由卵泡的颗粒细胞合成和分泌。孕激素主要作用于卵巢，其作用包括促进卵母细胞的最终成熟、排卵以及未产出小卵的保留和维持。目前，孕激素在雄鱼中的作用机制尚不清楚，有研究指出，在虹鳟和马苏大麻哈鱼（*Oncorhynchus masou*）排精时期的血浆中，发现随着精子的产生，17α，20β-双羟孕酮的含量明显升高。

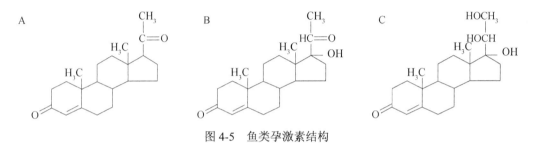

图 4-5　鱼类孕激素结构

A. 孕酮；B. 17α，20β-双羟孕酮；C. 17α，20β，21-三羟孕酮

2. 雄激素

雄激素（androgen）为含有 19 个碳原子的类固醇激素。鱼类精巢和卵巢均能合成雄激素，但合成的种类存在差异。精巢合成的雄激素包括 11-氧睾酮（11-oxotestosterone 或 11-ketotestosterone）、脱氢表雄酮（dehydroepiandrosterone，DHEA）、雄烯二酮（androstenedione）和睾酮（图 4-6），其中，11-氧睾酮是硬骨鱼类主要的雄激素（图 4-6A）。而鱼类卵巢能合成的雄激素主要为脱氢表雄酮、雄烯二酮和睾酮。雄激素在雄性鱼类发动和维持精子发生过程中发挥直接作用，可促进排精和雄性第二性征发育；在雌鱼中，雄激素是合成雌激素的前身物，而睾酮可能还与雌鱼的第二性征发育和性行为有关，因此雌鱼血液中的睾酮浓度相当高（图 4-6B）。

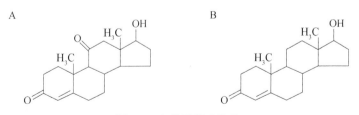

图 4-6　鱼类雄激素结构

A. 11-氧睾酮；B. 睾酮

3. 雌激素

雌激素（estrogen）为含 18 个碳原子的类固醇激素，其 A 环为苯环结构。鱼类卵巢卵泡颗粒细胞合成的主要雌激素是雌二醇（图 4-7A），此外，还能合成少数雌酮（eatrone）（图 4-7B）。在雌鱼中，雌激素可促进未成熟性腺发育，刺激成年鱼卵原细胞增殖和促进卵黄蛋白原（vitellogenin，Vg）合成，同时，对垂体 GtH 具有反馈调节的作用。在雄鱼中，雌激素也发挥重要作用，但机制不十分清楚。

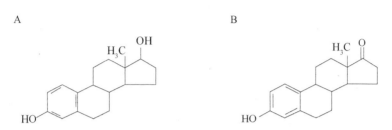

图 4-7　鱼类雌激素结构
A. 雌二醇；B. 雌酮

五、前列腺素与外激素

前列腺素（prostaglandin，PG）是具有一个五碳环和两条侧链的 20 碳不饱和脂肪酸。根据分子结构和立体异构型的差异，天然存在的 PG 有 20 余种。在鱼类中，最重要的 PG 是PGE 和 PGF 两种，处于精巢、卵巢（包括卵巢液）和血液中。PG 通过刺激鱼体卵泡周围的血管收缩，卵泡壁变薄、收缩和破裂等活动，促进排卵作用。

性外激素是鱼类性腺产生的一种化学信号物质，具有类固醇性质，目前已知 17α，20β-双羟孕酮是一种性外激素。性外激素与鱼类繁殖生理活动密切相关，其产生受内分泌激素调控，并与嗅觉作用相关。性外激素在雌鱼排卵时明显增加，并促使性行为的产生；而该性外激素在雄鱼整个繁殖过程中均能不断产生。对花鳉研究显示，性外激素受雌激素调控，并产生相应"信号"促使雌雄性发生交配行为。

六、瘦素

瘦素（leptin）是由肥胖基因（obesity gene，*Ob*）编码的由 146 个氨基酸组成的多肽，是脂肪组织分泌的一类细胞因子，具有调控能量平衡和抵抗肥胖的作用。鱼类瘦素可激活鱼体下丘脑-垂体-性腺轴，引起性腺激素的分泌，从而影响其生殖活动。对三文鱼、大西洋鲑和黄颡鱼的研究发现，瘦素在鱼体性腺发育的不同时期呈现差异性表达，这种差异性表达能影响鱼体内的脂肪代谢和能量消耗，从而对性腺发育产生影响。

第二节　甲壳类的繁殖调节物质

甲壳动物的内分泌学研究最早始于 Koller，他发现对虾体色改变源于一种血源性因子，而这一血源性因子来自眼柄，随后 Hanstrom 发现并描述了甲壳动物眼柄上的两种内分泌组织，一种命名为 X-器官（X-organ，XO），另一种因其位于血窦旁被描述成神经血窦器的窦腺（sinus gland，SG）。由于这两种结构由大量纤维束相连，因此称为 X-器官-窦腺（XO-SG）复合体。大多数甲壳动物 XO-SG 复合体位于眼柄处，而在无眼柄的等足类和其他少数有眼柄的种类中，位于头部近脑部或脑神经节内。虾蟹类的 XO-SG 复合体类似于哺乳动物的下丘脑-垂体系统，是甲壳动物主要的神经内分泌系统，主要分泌神经内分泌激素。除 XO-SG 复合体以外，围心器、后接索器、Y-器官、大颚腺和促雄性腺（androgenic gland，AG）等其他内分泌器官分泌的物质也参与调控甲壳动物的生殖活动。

一、神经多肽类激素

在甲壳类中，XO-SG 复合体分泌多种神经多肽类激素，包括高血糖激素（crustacean hyperglycemic hormone，CHH）、蜕皮抑制激素（molt-inhibiting hormone，MIH）、性腺抑制激素（gonad-inhibiting hormone，GIH）、卵黄生成抑制激素（vitellogenesis-inhibiting hormone，VIH）和大颚器抑制激素（mandibular organ-inhibiting hormone，MOIH）。由于其他激素的序列与 CHH 具有相似性，因此认为同属于 CHH 家族。CHH 家族具有共同结构：多肽由 72～78 个氨基酸残基组成，6 个保守的半胱氨酸残基 C7–C43/C44，C23/C24–C39/C40，C26/C27–C52/C53 形成 3 个二硫键，根据其前体肽和结构又将其分为 Type-I（CHH）和 Type-II（MIH，MOIH，VIH/GIH）。大多数 Type-I 型的成熟肽 C 端有氨酰类化合物，由信号肽、CHH 前体相关肽（CHH precursor related peptide，CPRP）和激素区域组成前体肽。Type-II 型肽的前体只有信号肽和激素区域，并不含有 CPRP 这一结构，除此之外，Type-II 肽的第 12 位还多了一个甘氨酸。1989 年，Kegelet 首次公布锯缘青蟹（*Scylla serrata*）的 SG 中储存大量的高血糖激素（CHH），这类激素主要参与碳水化合物的代谢。随后的研究发现，这类神经多肽也参与生殖和蜕皮的双重调节。

另一种与甲壳类生殖密切相关的神经激素是由脑和胸神经节分泌的促性腺激素，也称性腺刺激激素（gonad-stimulating hormone，GSH）。目前，GSH 的化学结构尚不清楚，仅知日本囊对虾（*Penaeus japonicus*）的 GSH 的分子质量为 1～2ku，罗氏沼虾（*Macrobrachium rosenbergii*）GSH 的分子质量在 7ku 以下，属于蛋白质类。最近，在锯缘青蟹脑中检测到促卵泡激素（FSH）和黄体生成素（LH）免疫阳性细胞，且 FSH 和 LH 样物质在脑中表达具有发育阶段特异性，因此，有学者认为甲壳类 GSH 可能包含 FSH 和 LH 样物质。

二、性类固醇激素

Schwerdtferger 最早发现节肢动物体内具有雌激素活性物质，Donahue 报道了美洲螯龙虾（*Homarus americanus*）卵巢中具有雌激素活性物质。后来学者证实了此物质为 17β-雌二醇（17β-estradiol）和雌酮（estrone）。还有学者从甲壳动物体组织抽提液中检测出孕酮和睾酮。Couch 等从美洲螯龙虾的卵巢和血清中检测出 E_2 及孕酮，发现 E_2 浓度与卵巢成熟度相平行，指出这些类固醇浓度变化与卵巢发育相关，并认为 E_2 在美洲螯龙虾中能够促进卵黄蛋白发生和卵子发育。成熟卵巢中具高浓度的 E_2，而未成熟卵巢中则检测不出 E_2。同时在卵巢中还检测到较高的孕酮水平。与脊椎动物一样，性类固醇激素在蟹类卵巢发育过程中起着重要作用。中华绒螯蟹卵母细胞的卵黄积累期血淋巴中 E_2 出现峰值。锯缘青蟹的孕酮、E_2 在卵黄发生前期含量很低，到了卵黄发生 I 期，孕酮、E_2 急剧上升，卵黄发生 II 期的这两种激素的含量比 I 期略高。比较锯缘青蟹的血淋巴、肝胰腺和卵巢三种组织，E_2 在肝胰腺含量最高，孕酮在卵巢中含量最高。

三、蜕皮类固醇激素

甲壳动物和昆虫一样也能合成蜕皮类固醇，其蜕皮激素研究的深度仅次于昆虫。Gabe 在等足目甲壳动物头部发现一对无管腺（并称之为 Y-器官），它们的解剖位置和特征与昆虫的蜕皮腺相似，并且呈现出与蜕皮相关的分泌活性。Y-器官是甲壳动物的蜕皮腺，腺体位于头胸甲前部，解剖学上具有较大的种间差异。Y-器官主要合成产物为蜕皮酮（ecdysterone，E）、20-羟基蜕皮酮（20-HE）、25-脱氧蜕皮酮（25-DE）、3-脱氢蜕皮酮（3-DE）和百日青甾酮（PoA）等。中华绒螯蟹血淋巴的 20-HE 与卵母细胞发育各个阶段有密切关系。在卵母细胞小生长期，血淋巴 20-HE 浓度持续上升，进入卵母细胞大生长期后迅速下降。卵母细胞早期生长需要高浓度的血淋巴 20-HE，同时外源注射 20-HE 有刺激卵巢增重的作用。某种蜘蛛蟹 *Acanthonyx lunulatus* 在卵黄发生时，卵巢中 E 和 20-HE 含量增多。范氏对虾（*Penaeus vannamei*）与该种蜘蛛蟹有类似结果。可见蜕皮类固醇可能是甲壳动物的卵巢发育所必需的。但也有实验不支持上述结论，如蜕皮激素对罗氏沼虾离体卵母细胞的卵径增大无作用。蜕皮酮对范氏对虾离体卵巢的卵黄合成也无作用。

四、类萜

LeRoux 最早描述了甲壳动物十足目的大颚器（mandibular organ，MO），又称为大颚腺

(mandibular gland)。对美洲螯龙虾的 MO 超微结构研究发现，甲壳动物十足目的 MO 是类似于昆虫咽侧体（corpus allatum，CA）的内分泌器官。后来有学者证实了 MO 中含有昆虫保幼激素（juvenile hormone，JH）样的化合物甲基法尼酯（methyl farnesoate，MF），许多十足目的甲壳动物 MO 能够分泌 MF，MF 是一种类萜，属类脂，具有类似胆固醇的构造，是一种具有 JH 生物活性且在结构上类似 JHⅢ 的化合物，这种化合物可能是甲壳动物的 JH。JH 是昆虫特有的从咽侧体分泌的一种激素，在昆虫发育过程中起着重要的调节作用，促进卵子发育，被认为是昆虫的促性腺激素。Laufer 等在蜘蛛蟹 Libinia emarginata 的血淋巴中鉴定出保幼激素样物质，并证实只有 MO 才能产生和分泌 MF 及极少量的 JH。雌性 Libinia emarginata 的 MO 分泌 MF 与生殖有关，MF 分泌的最高峰是临近卵巢发育末期，即卵母细胞生长和卵黄发生最旺盛的时期。有学者发现 MF 和 JHⅢ 对范氏对虾离体卵巢有直接刺激作用，显著地增大其卵径。克氏原螯虾（Procambarus clakii）的 MO 形态结构随卵巢发育而呈周期性变化。卵黄发生期时，MO 形态结构变化到达顶峰，此时 MO 长至最大。因此，甲壳动物 MO 很可能分泌一些在结构和功能上与 JH 相类似的激素，来控制自身性腺发育。

五、促雄性腺激素

促雄性腺（androgenic gland，AG）又称雄性腺、造雄腺等，为雄性甲壳动物所特有，其功能是促使性别分化和参与雄性生殖，至今只在软甲亚纲种类中发现具有该腺体。促雄性腺分泌的物质称为促雄性腺激素（androgenic gland hormone，AGH），目前对其化学结构仍不清楚，对其化学性质也尚无统一定论，可能含有蛋白质或脂类成分。近年来利用促雄性腺的切除和移植技术已获得了高比率的罗氏沼虾单性后代。将中华绒螯蟹的促雄性腺与性腺在体外共培养，发现 AG 能促进精巢中精子发生和排放，而对卵母细胞的生长和发育却具有抑制作用。将促雄性腺移入雌性日本绒螯蟹（Eriocheir japonicus），发现雌蟹出现雄性特征，第 3～5 腹肢退化，出现雄性交配附肢。

六、前列腺素

前列腺素（prostaglandin，PG）在甲壳动物体内由花生四烯酸合成，是一类由不饱和脂肪酸组成、具有多种生理作用的活性物质，结构为一个五碳环和两条侧链构成的 20 碳不饱和脂肪酸。按其结构，前列腺素分为 A、B、C、D、E、F、G、H、I 等类型。在鱼类，PG 可刺激滤泡收缩、参与排卵。对甲壳类，注射 PGF 和 PGE 可显著增加色拉淡水蟹（Oziotelphusa senexsenex）卵巢指数及卵母细胞直径，而注射 PGD 不影响卵巢发育。

七、神经递质

神经递质（neurotransmitter）在突触传递中是担当"信使"的特定化学物质，简称递质。随着神经生物学的发展，陆续在神经系统中发现了大量神经活性物质。脑内神经递质分为4类，即生物原胺类、氨基酸类、肽类、其他类。生物原胺类神经递质是最先发现的一类，包括多巴胺（DA）、去甲肾上腺素（NE）、肾上腺素、5-羟色胺（5-HT）。氨基酸类神经递质包括γ-氨基丁酸（GABA）、甘氨酸、谷氨酸、组胺、乙酰胆碱（ACh）。肽类神经递质分为内源性阿片肽、P 物质、神经加压素、胆囊收缩素（CCK）、生长抑素、血管加压素和缩宫素、神经肽 Y。其他神经递质分为核苷酸类、花生酸碱、阿南德酰胺、σ 受体等。据报道，5-HT 和红色素聚集激素（RPCH）通过刺激 GSH 释放及抑制 GIH 释放，从而促进大西洋砂招潮蟹（*Uca pugilator*）性腺发育。相反，甲硫氨酸-脑啡肽（Met-ENK）和 DA 通过抑制大西洋砂招潮蟹 GSH 释放及刺激 GIH 释放，从而抑制性腺发育。有关锯缘青蟹研究证实，性腺发育的促进作用与 5-HT 刺激了脑和胸神经团的分泌活动有关。锯缘青蟹视神经节、脑和胸神经团 5-HT 免疫阳性细胞的存在，为 5-HT 参与生殖调控提供了形态学依据。

第三节　贝类的繁殖调节物质

脊椎动物的神经内分泌活动中心是下丘脑-垂体-性腺（HPG）轴，它具有典型的多级调控特征。但由于组织器官进化得不完全，无脊椎动物神经内分泌系统较少出现多层级的调控特征。例如，刺胞动物最早出现神经调节，环节动物最早出现内分泌细胞，软体动物最早出现内分泌腺。最原始的贝类（如无板纲、单板纲和多板纲）没有明显的神经节，其神经系统主要由围绕食道的环状神经中枢和由它派生的两对神经索构成。其他较进化的种类（如腹足纲、双壳纲和掘足纲等）的神经系统一般由 4 对神经节和与之联络的神经构成。对于除头足纲以外的其他贝类来说，其神经内分泌系统主要由神经节和内分泌腺组成。由于脑的形成，软体动物头足纲中也出现类似脊椎动物 HPG 轴的脑-视腺-性腺三级调节系统。

已有研究对控制双壳贝类繁殖的中枢神经系统进行了详细探索。扇贝的中枢神经系统由大脑、足和内脏神经节组成。大脑神经节分别由前叶和后叶组成，分布在足神经节的两侧，并延伸到足的底部。内脏神经节位于内收肌的腹侧。脑-脏连接从各脑神经节后腹部延伸到性腺下内脏神经节。相比于其他贝类，牡蛎的中枢神经系统简单。它包括一对位于唇瓣基的很小的脑神经节。合并的内脏神经节位于内收肌的前腹缘的内脏团腹侧端。脑-脏连接从脑神经节到内脏神经节。由于牡蛎没有足，因此也没有足神经节。

神经内分泌系统能分泌化学信使物质，以协调多细胞生物对多种外在（环境）和内在（生理）信号的适应性反应。在软体动物中，神经系统更加有组织性，可观察到大脑神经节和腹神经索。在这样的框架系统中，神经分泌细胞存在于含有神经分泌细胞和神经细胞的神经血液器官中，或者存在于真正的内分泌腺体（脑部、胸膜、足部及腹部）之中。

一、神经分泌产物

贝类神经节中分布着具有分泌作用的神经内分泌细胞，它能够合成和分泌神经激素，一般为小分子物质，包括神经递质和神经肽等。研究发现5-羟色胺（5-HT）、多巴胺（DA）、儿茶酚胺（catecholamine）等神经递质对贝类的生殖活动起重要的调控作用。5-HT 可以诱导紫贻贝（Mytilus edulis）和牡蛎的配子排放；尽管贝类体内的多巴胺在繁殖期间含量很低，但它可以抑制 5-HT 对贝类排卵的诱导作用。还有研究者发现，贝类体内儿茶酚胺含量的变化与生殖周期密切相关，推测其在贝类的产卵过程中也具有重要的生物学功能。神经肽是目前为止软体动物门中最常见的激素，它们由神经分泌细胞或器官分泌并作用于膜受体，继而触发一系列细胞内事件的级联反应，最终导致基因转录的发生。目前已经在贝类中检测到不少与生殖活动密切相关的神经肽，包括对精巢发育具有正调节功能的四肽酰胺 APGWamide、能促进原始生殖细胞有丝分裂的促有丝分裂因子（gonial mitosis-stimulating factor，GMSF）、具有促排卵作用的产卵激素（egg-laying hormone，ELH）、尾背细胞激素（caudodorsal cell hormone，CDCH）、背体激素（dorsal body hormones，DBH）、能够抑制输卵管活力的四肽及与雄性性行为和季节性繁殖有关的抑肽和升压肽。

5-HT 又名血清素。5-HT 神经元的细胞定位，以及其在神经系统和性腺中的定量生物测定，为我们提供了令人满意的数据来阐明 5-HT 生物合成、释放和再吸收，并有助于了解 5-HT 调控双壳类繁殖的机制。已有研究通过组织荧光方法，证明了单胺类神经递质包括多巴胺和血清素在扇贝中的存在。在脑神经节前叶和内脏神经节侧叶检测到含有多巴胺的绿色荧光细胞，而所有副神经节细胞呈黄色荧光，均说明了 5-HT 的存在。在性腺区域，生殖道壁包含绿色和黄色荧光纤维。性腺周围的上皮和肠上皮中分布有绿色荧光曲张纤维。此外，通过免疫组化法，在扇贝中枢神经系统和性腺神经元中也检测到 5-HT 的存在。在中枢神经系统中，5-HT 神经元分布在部分脑神经节前叶和后叶、足神经节和副神经节中，而内脏神经节中未发现含有 5-HT 的神经细胞。包括内脏神经节在内的所有中枢神经节的神经毡（neuropil）中有无数的 5-HT 曲张纤维。在性腺区，存在大量的 5-HT 神经纤维束，其中大部分似乎是脑-脏连接的衍生物，通过内收肌附近的性腺皮质上皮进入性腺。在生殖道上皮下层也观察到 5-HT 神经纤维束，而曲张纤维沿生殖上皮分布。基于免疫细胞化学和组织荧光技术，研究了贻贝担轮幼虫期的 5-HT 和儿茶酚胺神经元的发育与分布。

二、促性腺激素调节激素

促性腺激素释放激素（GnRH）是一种神经肽，在脊椎动物繁殖调控中扮演重要角色。基于免疫组织化学技术，已在双壳类神经系统中显示 GnRH 神经元。在扇贝中，利用抗哺乳动物 GnRH 抗体可检测到类 GnRH 神经元，其在足神经节上分布稀疏并主要分布在两性成长期的脑神经节前叶上，在性腺中没有发现 GnRH 神经纤维。对太平洋牡蛎（*Crassostrea gigas*）和紫贻贝神经系统进行的一项研究检测到了 GnRH 神经元，它对章鱼（*Octopus vulgaris*）GnRH 的抗体产生积极反应。GnRH 神经元及纤维分散在太平洋牡蛎内脏神经节中。在紫贻贝中，脑神经节和足神经节都含有 GnRH 神经元及纤维。但雌性和雄性紫贻贝性腺中均没有发现 GnRH 神经元。

GnRH 超家族，包括 GnRH、激脂激素（adipokinetic hormone，AKH）、黑化诱导激素（corazonin，Crz）和 AKH/Crz 相关肽，几乎普遍存在于双侧对称动物中。在脊椎动物中，GnRH 在下丘脑区合成，然后转移并作用于垂体，促进由促卵泡激素（FSH）和黄体生成素（LH）构成的促性腺激素（GtH）的释放。大脑和性腺通过垂体的连接称为下丘脑-垂体-性腺轴，形成所有脊椎动物生殖的神经和内分泌调控的基础。有趣的是，α-交配因子是一种酵母十三肽交配信息素，已被确定为 GnRH 的同系物，具有高剂量 LH 释放活性，表明在进化过程中 GnRH 相关肽的结构和功能特性是保守的。

从此，可以基于异源 GnRH 抗体确定软体动物 GnRH 样多肽的存在与作用。在头足类动物中，如章鱼，免疫阳性 GnRH 样多肽被证明存在于主要的内分泌器官，即本体的腺体中；GnRH 在章鱼的雄性和雌性生殖道中都有发现，说明章鱼的 GnRH 有一定的生殖功能。在腹足类生物中，旋节螺（*Helisoma trivolvis*）神经系统的 GnRH 样多肽功能同哺乳动物 GnRH 一致。结果表明：GnRH 样神经元存在于淡水腹足类旋节螺和静水椎实螺（*Lymnaea stagnalis*）神经系统中，可能起繁殖作用。在加州海兔（*Aplysia californica*）中报道了 GnRH 样多肽可能存在多种形式，并基于异源 GnRH 抗体检测到其在海兔中枢神经系统特定位点表达。

三、类固醇激素

类固醇激素（steroid hormone）是最主要的一类性腺激素，包括雄激素、雌激素和孕酮等。类固醇激素也称为甾体激素，是一类脂溶性激素，其基本结构是由三个六元环及一个五元环并合生成的环戊烷多氢菲。在生物性别分化、生殖、发育以及维持内稳态等多种生理过程中发挥重要作用。目前，在包括头足纲、双壳纲和腹足纲在内的不少贝类组织中均鉴定到类似脊椎动物性类固醇激素物质的存在（表 4-2）。

表 4-2 已报道的贝类组织中性类固醇激素的含量（引自倪健斌，2013）

物种	组织	性类固醇	方法	水平/（pg/g）	参考文献
狗岩螺 （Nucella lapillus）	全组织 （雌）	雌激素（E₂）	放射免疫分析	1 000	Santos et al.，2005
狗岩螺	全组织 （雌）	睾酮 雌激素（E₂） 孕激素	放射免疫分析	1 000~7 000 20~500 1 000	Spooner et al.，1991
狗岩螺	全组织 （雌）	睾酮	放射免疫分析	600~1 200	Bettin et al.，1996
东方泥螺 （Ilyanassa obsolete）	全体	睾酮	放射免疫分析	2 000~45 000	Gooding and LeBlanc，2004； LeBlanc et al.，2005
螺旋蜗牛 （Helix aspersa）	性腺	睾酮 孕激素	放射免疫分析 气相色谱-质谱联用仪	8 000~28 000 3 000	Leguellec et al.，1987
染料骨螺 （Bolinus brandaris）	消化腺和 性腺	睾酮 雌激素（E₂）	放射免疫分析	800 5~250	Morcillo and Porte，1999
疣荔枝螺 （Thais clavigera）	睾丸和 卵巢	睾酮	固相酶联免疫测定 气相色谱-质谱联用仪	1 000	Lu et al.，2002，2001
砂海螂 （Mya arenaria）	性腺	睾酮 雌激素（E₂）	固相酶联免疫测定 气相色谱-质谱联用仪	40 300	Gauthier-Clerc et al.，2006
砂海螂	性腺	孕激素	固相酶联免疫测定 气相色谱-质谱联用仪	4 000	Siah et al.，2002
砂海螂	性腺	孕激素	固相酶联免疫测定	600~5 000	Siah et al.，2003
缢蛏 （Sinonovacula constricta）	性腺	睾酮 雌激素（E₂）	固相酶联免疫测定	18.2~121.3 224.1~769.7	Yan et al.，2011
鸟蛤 （Fulvia mutica）	性腺	睾酮 雌激素（E₂）	固相酶联免疫测定	22.83~77.15 7.27~32.63	Liu et al.，2008
沟纹蛤仔 （Ruditapes decussates）	全组织	睾酮 雌激素（E₂）	放射免疫分析	100~800 <0.2	Morcillo et al.，1998
沟纹蛤仔	性腺	睾酮 雌激素（E₂） 孕激素	放射免疫分析	40~400 10~240 200~2 500	Ketata et al.，2007
马尼拉蛤 （Tapes philppinarum）	全体	睾酮 雌激素（E₂） 孕激素	放射免疫分析	100~200 100~300 600~1 600	Negrato et al.，2008
虾夷扇贝 （Paticopecten yessoensis）	性腺	雌激素（E₂） 雌激素（E₁）	高效液相色谱	1 500~4 500 <500	Osada et al.，2004a
虾夷扇贝	性腺	雌激素（E₂） 雌激素（E₁）	高效液相色谱	400~1 100 200	Matsumoto et al.，1997

续表

物种	组织	性类固醇	方法	水平/（pg/g）	参考文献
紫贻贝 （*Mytilus edulis*）	外套膜和 性腺	睾酮 雌激素（E$_2$） 雌激素（E$_1$）	放射免疫分析	1 400～40 000 4 500 35 000	de Longcamp et al.，1974
紫贻贝	外套膜和 性腺	孕激素	气相色谱-质谱联 用仪 放射免疫分析	5 000～40 000 1 500～4 000	Reis-Henriques and Coimbra，1990
紫贻贝	全体	睾酮 雌激素（E$_2$） 孕激素 雌激素（E$_1$）	气相色谱-质谱联 用仪	200～600 20～40 500～5 000 60	Reis-Henriques et al.，1990
紫贻贝	性腺	雌激素（E$_2$）	高效液相色谱法 放射免疫分析	165 000 854 000	Zhu et al.，2003
地中海贻贝 （*Mytilus galloprovincalis*）	外套膜和 性腺	雌激素（E$_2$）	放射免疫分析	<100～1 000	Kaloyianni et al.，2005
太平洋牡蛎 （*Crassostrea gigas*）	性腺	雌激素（E$_2$） 雌激素（E$_1$）	放射免疫分析	0～1 500 0～300	Matsumoto et al.，1997
乌贼 （*Sepia officinalis*）	组织	睾酮	放射免疫分析	1 000～20 000	Carreau and Drosdowsky， 1977
章鱼 （*Octopus vulgaris*）	全体	睾酮	放射免疫分析 固相酶联免疫测定 高效液相色谱法	2 500～5 000 200～1 000 1 000～5 000	D'Aniello et al.，1996
章鱼	卵巢	雌激素（E$_2$）	放射免疫分析	25～200	Di Cosmo et al.，2001

第五章 鱼类生殖活动的内分泌调控

鱼类的生殖活动受外界环境因素的影响。与其他脊椎动物相似，鱼类的下丘脑-垂体-性腺（HPG）生殖轴是调节性腺发育和生殖活动的重要系统（图 5-1）。感觉器官将外界环境刺激（如温度、光照和降雨等）传送到脑，脑受刺激后产生神经冲动，通过单胺类神经递质调节激素分泌，使下丘脑分泌促性腺激素释放激素（GnRH），激发垂体分泌促性腺激素（GtH）。促性腺激素作用于性腺，促进其分泌性类固醇激素（如睾酮和雌二醇等），进而促使性腺发育成熟并排出精子和卵子。同时，神经内分泌系统存在促性腺激素释放抑制因子（gonadotropin release-inhibitory factor，GRIF），能发挥对促性腺激素合成和释放的负调控作用。因此，鱼类生殖调控神经内分泌是由正负调控内分泌因子相结合，并协调作用，确保生殖活动的正常进行。

图 5-1

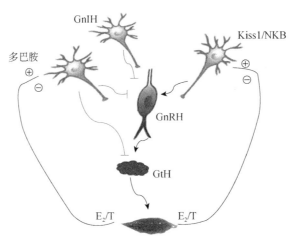

图 5-1　鱼类生殖轴的内分泌调节示意图（彩图扫二维码）

Kiss1 是 *kiss1* 基因产生的神经多肽；NKB 为神经肽 B；⊕表示正反馈；⊖表示负反馈

第一节　GnRH/GRIF 对鱼类生殖活动的影响

促性腺激素释放激素（GnRH）是生殖轴的上游调控因子，直接通过调控垂体的促性腺激素（GtH）合成和分泌来发挥生殖调控功能。脊椎动物的促性腺激素释放激素都由 10 个氨基酸残基组成，其分子长度和部分氨基酸序列都非常保守，但在不同鱼类中的种类有所差异，并且不同种类的促性腺激素释放激素具有明显的生理分工。促性腺激素释放抑制因子（GRIF）是一类发挥生殖负调节的神经内分泌调控因子，主要是多巴胺和促性腺激素抑制激素（gonadotropin-inhibitory hormone，GnIH）。促性腺激素释放抑制因子抑制促性腺激素的合成和释放具有多层次的作用方式，可作用于下丘脑的 GnRH 神经元抑制 GnRH 的合成及释放来间接调节促性腺激素的合成及释放，也直接作用于垂体，直接抑制促性腺激素合成和释放。显示出多元性的负调控作用模式。目前关于促性腺激素释放抑制因子准确的作用机理尚未完全清楚，但鱼类的生殖调控是同时受促性腺激素释放激素和促性腺激素释放抑制因子的作用。

一、促性腺激素释放激素的分布、合成及代谢

（一）GnRH 的分布

GnRH 是 HPG 生殖轴的关键信号分子（information molecule）。利用放射免疫、免疫酶标定位及荧光蛋白标记转基因等技术，目前已基本确定下丘脑神经分泌细胞中的 GnRH 分布情况。在哺乳类中，GnRH 主要分布于下丘脑内正中隆起、视前区及第三脑室周围。在硬骨鱼类，虽然鱼类脑结构与哺乳类有差异，但 GnRH 的分布具有相似处，均分布于与其功能相关的区域（图 5-2）。

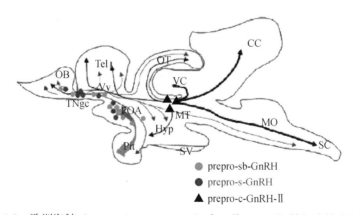

图 5-2　欧洲海鲈（*Lateolabrax japonicus*）中三种 GnRH 阳性细胞的分布及
主要投射途径（引自 Kah et al.，2007）

sb-GnRH（GnRH1）表达神经元为灰圆，c-GnRH-Ⅱ（GnRH2）表达神经元为黑三角，s-GnRH（GnRH3）表达神经元为黑圆。Hyp. 下丘脑；MT. 中脑被盖；MO. 延髓；OB. 嗅球；OT. 视顶盖；Pit. 垂体；POA. 视前叶区域；SV. 囊状血管；TNgc. 终末神经神经节细胞；SC. 脊髓；VC. 小脑瓣膜；Vv. 腹侧前脑腹侧核；Tel. 端脑；CC. 小脑体

鱼类的 GnRH1 主要在视前区（POA）促性腺激素释放激素（GnRH）神经元中表达，并直接延伸投射到垂体中。GnRH2 和 GnRH3 分别在中脑顶盖（tegmentum，TEG）和终末

神经（terminal nerve，TN）神经元中表达，并在脑部广泛投射轴突。鱼类是种类最多的脊椎动物群体，个体差异显著，导致其脑结构及包含的 GnRH 类型数量存在差别，如有些鱼类有两种 GnRH，有些鱼类有 3 种 GnRH 亚型等，虽然不同鱼种中 GnRH 分布有所差异，但各 GnRH 类型的核心分布区域是相似的，具有较强的保守性。

除脑区外，在视网膜、肝脏、肠、胃、脾脏和性腺等组织同样发现 GnRH 表达。可见，GnRH 是具有多种生理调节功能的神经内分泌分子，涉及神经、内分泌、生殖、消化和免疫系统，并通过传递信息使各系统协调统一，确保生理调控的正常。

（二）GnRH 的合成

GnRH 合成过程与其他多肽类激素极其相似：首先在细胞内核糖体合成 GnRH 前体蛋白，然后在细胞质中经蛋白酶酶切，并产生具有生物活性的 GnRH 成熟肽。在哺乳类中，GnRH 分泌细胞首先合成 92 个氨基酸残基的前体，在沿轴突转运过程中裂解成 3 种小分子肽：1～23 位是信息肽，24～33 位是 GnRH，37～92 位是 GnRH 相关肽。GnRH 可储存于正中隆起或被称为伸展细胞的特殊的脑室细胞中，受刺激或高级中枢神经递质刺激时，再分泌入垂体门脉系统，或经脑脊液进入血液。在鱼类中，如金钱鱼（Scatophagus argus），GnRH1 蛋白前体为 95 个氨基酸残基，其中 1～23 位是信息肽，24～33 位是 GnRH1 成熟肽，37～95 位是 GnRH 相关肽；GnRH2 蛋白前体为 85 个氨基酸残基，其中 1～23 位是信息肽，24～33 位是 GnRH2 成熟肽，37～85 位是 GnRH 相关肽；GnRH3 蛋白前体为 90 个氨基酸残基，其中 1～23 位是信息肽，24～33 位是 GnRH3 成熟肽，37～90 位是 GnRH 相关肽。脊椎动物的 GnRH 前体结构非常保守，信号肽和蛋白酶酶切位点等都在固定的位点。由于鱼类脑结构中没有门脉系统，因此，鱼类的 GnRH 由 GnRH 神经元合成后，暂时储存于神经末梢的分泌细胞中，在受到外界释放信息刺激后，通过自分泌或旁分泌的方式释放出来，直接与受体结合或者进入血液循环系统。

（三）GnRH 的降解

GnRH 属于多肽类激素，受中枢神经系统的调控，包括合成、释放及生物降解等，以保持体内激素代谢水平的平衡，维持正常的生理活动。GnRH 是只含有 10 个氨基酸残基的多肽激素，结构简单，并通过脉冲式释放来发挥对垂体细胞的刺激功能。其生理半衰期较短，一般为 2～4min。发挥信号介导和刺激功能后，主要在血液中迅速降解，以便快速恢复生理稳态。目前认为，GnRH 的降解作用机理有两个方面：①通过丘脑下部和垂体 GnRH 降解酶使之灭活；②GnRH 被内切酶从分子内段裂解为 GnRH 1～6 肽和 GnRH 7～10 肽两个片段，然后再通过氨基肽酶和羧基肽酶使之灭活。

（四）GnRH 在鱼类中的生殖调节功能

下丘脑 GnRH 能特异地与垂体促性腺细胞上的受体（GnRH-R）结合，刺激垂体前叶

GtH 细胞，使之合成并分泌释放黄体生成素（LH）和促卵泡激素（FSH），LH 和 FSH 进而通过血液循环作用于外周靶器官发挥作用，如导致性腺产生类固醇激素并刺激配子发生等繁殖行为。

　　在鲑等鱼类中研究发现，前脑 GnRH 神经元数量和 GnRH mRNA 含量的增加与性腺指数（gonadosomatic index，GSI）增加一致，并与雄性早熟有关，前脑神经元 GnRH mRNA 的增加与性腺最终成熟相吻合；在金头鲷和欧洲鲈，利用高度特异性的酶联免疫吸附测定（ELISA）方法检测不同生殖周期 GnRH 含量，结果表明 GnRH 的水平与血浆 LH 含量完全一致，并预示着 GnRH 与鱼类生殖活动有关。最终，Breton 等在鲤鱼、金鱼和鲑鳟鱼类中，以人工合成的 GnRH，采用在体注射、离体垂体或促性腺细胞孵育等实验，进一步证实 GnRH 通过促进 GtH 的合成和释放，参与鱼类生殖调控。

　　迄今所做的研究表明，GnRH 对 FSH 和 LH 亚基因转录的相对影响取决于鱼类的种类、性别和生殖状况等。GnRH 在调节 LH 的合成和释放方面已被深入研究和证实，但 GnRH 对 FSH 的作用尚未完全清楚，主要是由于大多数鱼类尚缺少检测 FSH 定量的免疫分析方法。虽然大多数鱼类缺乏 FSH 的定量测定，但研究表明 GnRH 亦能刺激银大麻哈鱼（*Oncorhynchus kisutch*）、虹鳟、斜带石斑鱼（*Epinephelus coioides*）、尼罗罗非鱼和金鱼等 FSH 的合成与释放。在离体条件下，未成熟期和成熟期的雌性虹鳟垂体细胞对 GnRH 刺激的敏感性表现不尽相同。成熟期的虹鳟垂体细胞对 GnRH 的刺激较为敏感，而在青春前期的舌齿鲈（*Dicentrarchus punctatus*）和真鲷（*Pagrosomus major*）中，GnRH 并不能影响舌齿鲈和真鲷青春前期 *fshβ* 基因的表达。在条纹鲈中，将 GnRH 类似物（GnRH-A）注射到正在经历精子发生早期的成熟雄性中，均会导致 GtH mRNA 水平的增加。虽然 FSH β 亚基 mRNA 的增加比 GtH α 和 LH β mRNA 的增加慢得多，但所有三个促性腺激素亚基 mRNA 都有增加。然而，在处于卵母细胞成熟早期阶段的雌性鲈中，GnRH-A 的急性处理只会导致 GtH α 和 LH β mRNA 水平的升高。GTH 基因表达的差异调节也表现在欧洲鲈上，GnRH-A 处理可提高 GTHα 和 LH β 的 mRNA 水平，但不增加 FSH β 亚基的 mRNA 水平。

　　在正常生理状态下，GnRH 呈脉冲式释放，故垂体促性腺细胞也呈脉冲式分泌 LH 与 FSH。GnRH 的脉冲式释放可调节 LH/FSH 值。当 GnRH 的脉冲频率减慢时，卵巢去除和下丘脑功能丧失的动物血液中 FSH 水平升高、LH 水平下降，从而导致 LH/FSH 值下降。研究表明，这是由于 LH 的半衰期较短，很快被降解，而 FSH 的半衰期较长，可在血液中积累而保持相对较高的含量。反之，GnRH 的脉冲频率增加，将在短时间内释放更多的 LH，从而使 LH/FSH 值上升。此外，LH 和 FSH 对 GnRH 的刺激反应有所不同。快速静脉注射 GnRH 时，主要是能引起血浆中 LH 水平明显升高；而用相当剂量的 GnRH 缓慢注射时，不仅能使 LH 的水平显著升高，FSH 水平也能明显升高。体外实验同样证实，垂体细胞受 GnRH 刺激时，LH 分泌量的变化幅度比 FSH 大。另外通过免疫阻断 GnRH，同样表现血浆 LH 水平急剧降低，而 FSH 只有轻度降低。

GnRH 除了对垂体促性腺细胞中 LH/FSH 的分泌有强的调节作用外，还直接参与性腺发育调节。在尚未性成熟的文昌鱼（*Branchiostoma belcheri*）中，注射人工合成的 GnRH 类似物 GnRH-A，每隔 8d 和 12d 在显微镜下检查注射组及对照组的性腺发育情况，结果表明：GnRH-A 处理组的性腺发育程度比对照组高。在斑马鱼中，通过激光消融的方法去除 GnRH 神经元，结果使雌鱼产卵量显著降低，卵母细胞直径减小和发育异常等。鱼类等动物卵的质膜外由卵透明带（zona pellucida，ZP）所包被，ZP 是初级卵母细胞成熟过程中由卵母细胞分泌而形成的一层含糖蛋白的嗜酸性膜，能保护卵和受精卵免受外界伤害，同时也是受精过程中精子必须穿过和阻止种间受精的屏障。研究表明，GnRH-A 使鲤 ZP 基因表达显著上调，提示 GnRH-A 对鱼卵成熟及受精等方面具有重要的作用。在雄性罗非鱼（*Oreochromis niloticus*）中，通过第三脑室注射抗 GnRH 血清处理，结果显示处理组与对照组相比，处理组筑巢的数量减少、巢规模变小和攻击行为显著降低，说明 GnRH 能调节雄性罗非鱼的生殖行为。此外，在金鱼、金头鲷（*Sparus aurata*）和石斑鱼中的研究表明，GnRH 对卵泡形成、精子发生和早期性反转都有重要作用。

此外，GnRH 还可通过调节其他激素或因子来间接调节鱼类的生殖。例如，已报道催乳素（prolactin，PRL）刺激卵巢和精巢的类固醇生成。在鲑鳟鱼类的性成熟期间，血浆 PRL 和脑垂体 PRL mRNA 水平升高。在罗非鱼性成熟时亦观察到 PRL 水平升高。此外，在有些硬骨鱼类的性腺中能检测到 PRL 受体 mRNA。这些研究结果表明，PRL 在鱼类生殖过程的不同时期起着一定的作用。在罗非鱼、白氏银汉鱼（*Atherina bleekeri*）和马苏大麻哈鱼等鱼类的研究中表明，GnRH 能刺激 PRL 释放。此外，鱼类的生长促乳素（somatolactin，SL）对环境变化的适应、应激反应、鲑降海洄游的适应性转变、生长和能量代谢等生理活动同样具有重要的作用。通过组织学观察，已经鉴定尼罗尖吻鲈（*Lates niloticus*）、银汉鱼和金头鲷等鱼类的 GnRH 类免疫反应神经纤维和末梢紧密靠近在腺垂体的 SL 细胞。同时在 SL 细胞中还检测到 GnRH-R，进一步提示 GnRH 通过调控 SL 的分泌活动来间接参与生殖调节功能。此外，GnRH 还能调节鱼类生长激素、生长抑素和神经肽 Y 等生殖相关因子的合成与释放；同时在中枢及外周神经系统中作为神经递质也进行神经调节，参与视觉和嗅觉等调节以参与生殖行为的调控。

二、促性腺激素释放抑制因子对鱼类生殖活动的调节

（一）多巴胺（DA）对鱼类生殖活动的调节

最早在金鱼研究中，发现电损伤前腹视前围脑室核后能使 LH 分泌活动急剧而持续地增强，同时结合金鱼腺垂体移植刺激实验，证实了存在促性腺激素释放抑制因子（GRIF），金鱼的 LH 分泌活动受到抑制性因子的调控。最终根据儿茶酚胺类生物合成分析及试验发现，多巴胺可抑制 GtH 的分泌。随后，在许多硬骨鱼类中同样证实多巴胺或其激动剂阿朴吗啡

和 Bromocryptine 均能抑制 GnRH 刺激的 LH 分泌。

目前关于多巴胺调控 LH 分泌的作用机理尚未明确,研究表明多巴胺对 LH 的分泌调节具有多重性。多巴胺能通过干扰 GnRH 刺激 LH 细胞的信号通路来发挥抑制作用;另外,多巴胺也能够抑制垂体神经末梢肽类的合成或释放来抑制 GnRH 神经元;此外,还有研究发现多巴胺能抑制 GnRH 受体的生产,减少 GnRH 的结合容量来抑制 GnRH 的作用强度。可见,多巴胺通过多种方式保障对 LH 分泌活动的精准调控。然而,众多研究表明,多巴胺作为促性腺激素释放抑制因子的生理作用并不保守。其中多巴胺对 LH 分泌的抑制作用在鲤科鱼类中的效果最明显,而在鲑鳟鱼类中,多巴胺的抑制作用不明显。在大西洋绒须石首鱼、石斑鱼和海鲷等鱼类中,证实多巴胺不参与 LH 的抑制调节。因此在缺失多巴胺抑制的鱼类中,可能存在着其他负调控的通路,尚有待深入挖掘与发现。

多巴胺除了在排卵过程中起作用外,越来越多的研究发现了多巴胺的青春期抑制作用。在性未成熟的欧洲鳗鱼中,多巴胺能直接作用于垂体以抵消 GnRH 刺激的 LH 合成和释放,从而导致了青春期阻滞。因此,需要通过 GnRH 和多巴胺拮抗剂联合处理,才能诱导 LH 的释放以促进卵巢发育。在鲻鱼中,多巴胺拮抗剂处理比 GnRH-A 处理可更加有效地诱导卵巢发育。相关的研究均表明多巴胺在鱼类青春期前阶段具有重要的生理作用。但多巴胺在鱼类青春期前阶段的作用同样是不保守的。在青春期前的条纹鲈(*Lateolabrax japonicus*)中,使用性类固醇、GnRH 激动剂和多巴胺受体拮抗剂联合处理,结果发现多巴胺没有发挥作用,并没有参与青春期前阶段的调节。在红海鲷(*Pagrus major*)中,单独施用 GnRH 激动剂能够诱导性早熟,而使用多巴胺拮抗剂没有作用。鳅鱼(*Chaetodipterus faber*)幼鱼在青春期前阶段,下丘脑多巴胺能神经元活性较低。这些研究结果同时表明多巴胺并没有参与青春期前阶段性腺发育的调控作用。因此,多巴胺作为促性腺激素释放抑制因子具有物种差异性和选择性。

根据多巴胺的生理功能和生物合成途径,能阻断多巴胺的合成或使多巴胺在神经纤维末梢快速耗尽的药物都能消除多巴胺对 LH 分泌的抑制作用(图 5-3)。目前筛选出的相关商业化药物有 6-羟多巴、利血平、甲基-酪氨酸和卡比多巴等;此外,多巴胺作用通路和机理研究发现,多巴胺主要是通过 D2 样受体直接在垂体水平抑制 LH 的分泌,而不是通过 D1 样受体。因此,阻断或抑制多巴胺与受体的结合同样能消除多巴胺对 LH 的抑制作用。目前已经开发了高效的商业化多巴胺拮抗物 Metoclopramide、Heloperidol、Spiperdone、Pimozide 和 Domperidone 等,其中 Domperidone 作用最强。对于性成熟的金鱼,如单独注射 GnRH-A,只能使血液中 LH 缓慢释放,并不能有效促进排卵;但结合注射多巴胺拮抗物 Pimozide 或 Domperidone,不仅能增强 GnRH-A 的作用效果,还能快速显著提高血液中 GtH 的含量,并诱导排卵,显著增强人工催产的效果。然而,这些药物对这些鱼类的血液 FSH 水平并无显著作用。

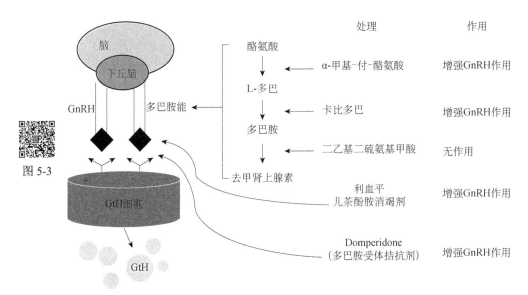

图 5-3   硬骨鱼类促性腺激素的双重调节示意图（彩图扫二维码）

（二）促性腺激素抑制激素对鱼类生殖活动的调节

2000 年，从日本鹌鹑（*Coturnix japonica*）的大脑中分离出一种新型的下丘脑十二肽，发现其具有抑制促性腺激素释放的生理功能，因此该肽被称为促性腺激素抑制激素（GnIH），是一种新型肽类促性腺激素释放抑制因子。随后，在哺乳类、爬行类、两栖类和鱼类等脊椎动物中同样发现了 GnIH 的存在。GnIH 在早期的哺乳动物中也称为 RFamide 相关肽（RFRP），在硬骨鱼类中称为 LPXRFa。这些肽都具有特征性的 C 端 LPXRFa（X=L 或 Q）基序，被命名为 LPXRFa 肽，并独立形成 RFamide 肽家族的新组。GnIH 前体在蛋白酶的剪切修饰下，将产生 GnIH（LPXRFa）-1、-2、-3 和相关肽等成熟肽（图 5-4）。研究表明，不同的成熟肽存在生理功能的差异，其中 GnIH（LPXRFa）-1 显示出刺激促性腺激素合成和释放的生理功能，而 GnIH（LPXRFa）-2 和-3 主要发挥促性腺抑制作用。

	RFRP-1 GnIH-RP-1 LPXRFa-1	RFRP-2 GnIH LPXRFa-2	RFRP-3 LPXRFa-3	GnIH-RP-2 LPXRFa-4	LPXRFa-5
人类GnIH	MPHSFANLPLRFa	SAGATANLPLRSa	VPNLPQRFa		
鹌鹑GnIH	VPNSVANLPLRFa	SIKPSAYLPLRFa	APNLSNRSa	SSIQSLLNLPQRFa	
蝶螈LPXRFa	MPHASANLPLRFa		SVPNLPQRFa	SIQPLANLPQRFa	APSAGQFIQTLANLPQRFa
腔棘鱼LPXRFa	FSNSVINLPLRFa	LSQSLANLPLRLa	IPMAIPNLPQRFa	SFMQPLANLPQRFa	FIQSVANLPQRFa
斑马鱼LPXRFa	PAHLHANLPLRFa		STINLPQRFa	SGTGPSATLPQRFa	
雀鳝LPXRFa	LYHSVTNLPLRFa	ASQPVANLPLRFa	AALNLPQRFa		
七鳃鳗LPXRFa	SGVGQGRSSKTLFQPQRFa			SEPFWHRTRPQRFa	

图 5-4   GnIH（LPXRFa）的多重序列比对及预测成熟肽序列

值得注意的是，GnIH（LPXRFa）对脊椎动物促性腺激素抑制作用同样存在物种差异性。研究表明，GnIH（LPXRFa）在鸟类中促性腺激素抑制作用最显著，而在其他脊椎动物尤其是在鱼类中尚有争议。腹腔注射斑马鱼 GnIH（LPXRFa）-3 能显著降低金鱼血浆的 LH 水平，并且能在体外显著下调金鱼 *lhβ* 和 *gthα* 基因的表达水平。腹腔注射金鱼的 GnIH（LPXRFa）-2 能够显著降低其 *lhβ* 和 *fshβ* 的 mRNA 水平。同样，腹腔注射石斑鱼 GnIH（LPXRFa）-2 和鲤鱼 GnIH（LPXRFa）-3 也能抑制这两种鱼 *lhβ* 的转录水平。此外，脑室内（ICV）注射和外周植入 GnIH（LPXRFa）-2，以及肌内注射 GnIH（LPXRFa）-3 均能抑制鲈 *lhβ* 的表达。但在红大马哈鱼和罗非鱼的研究表明，GnIH（LPXRFa）肽能刺激培养的垂体细胞释放 LH 和 FSH。此外，GnIH（LPXRFa）-1 增强草鱼（*Ctenopharyngodon idellus*）垂体中 *lhβ* 和 *fshβ* 基因的表达。另外有研究表明，GnIH（LPXRFa）对垂体促性腺激素的基因表达调控与鱼类的成熟状态和给药途径相关，但具体的机理尚未清楚。

GnIH（LPXRFa）在生殖调控中的作用不仅作用于垂体水平，同样可以作用于下丘脑，直接调节 GnRH 的表达。在斑马鱼和塞内加尔舌鳎（*Cynoglossus senegalensis*）中，GnIH（LPXRFa）-3 注射能显著降低下丘脑 *gnrh3* 的转录水平。在石斑鱼中，腹腔注射 GnIH（LPXRFa）-2 和 GnIH（LPXRFa）-3 同样可以下调下丘脑 *gnrh3* 的 mRNA 水平。另外，在半滑舌鳎（*Cynoglossus semilaevis*）中，GnIH（LPXRFa）a-1 能增加 *gnrh2* mRNA 的表达，而 GnIH（LPXRFa）-2 则发挥抑制作用，能显著抑制 *ghrh3* mRNA 的表达。有趣的是，GnIH（LPXRFa）-2 对海鲈 *gnrh2* 的作用受到给药方式的影响，脑室内（ICV）注射 GnIH（LPXRFa）-2 能降低 *gnrh2* mRNA 的转录水平，而肌内注射 GnIH（LPXRFa）-2 则能显著增加 *gnrh2* 的表达。总之，GnIH（LPXRFa）在生殖调控中的生理功能在硬骨鱼类中变化很大，与物种及其生理状态和施用方法相关。

三、GnRH/GRIF 在鱼类人工催产中的应用

我国很早就开始了鱼类人工催熟与催产研究实验，最早期是使用鱼类脑垂体和绒毛膜促性腺激素（HCG）。鱼类脑垂体中含有的黄体生成素（LH）和促卵泡激素（FSH）是具有催熟与催产直接作用的主要成分。HCG 从孕妇尿液中提取，主要成分为 LH，同样可以作为鱼类促性腺激素类似物用于生产实践。但早期使用的催产剂在催产效果、亲鱼损耗等方面还存在较大缺陷，尚未达到高活性催产剂的要求，因此受到了极大的限制。

随着鱼类生殖生理研究的发展，鱼类生殖调控机理不断被阐明，特别是 GnRH 化学结构被确认后，实现了人工合成哺乳类促黄体生成素释放激素（luteinizing hormone releasing hormone，LHRH），并通过鱼类催产实验验证，能显著促进 GtH 的分泌（图 5-5）。随后，通过比较哺乳动物和大麻哈鱼的 GnRH 发现，大麻哈鱼只在第 7、8 位的氨基酸（色、亮）和哺乳动物（亮、精）不同，表明 GnRH 结构在长期进化过程中相当稳定和保守，哺乳动物的 GnRH 第 2 位组氨酸和第 3 位色氨酸是产生机能作用（促进 LH、FSH 释放）的关键氨基酸，而其他位置的氨基酸只参与构象作用、与受体结合以及抵抗酶的分解作用，而对机能效应的影响不大，所以 GnRH

第 7、8 位氨基酸被取代会使其对本种族生物的生物活性降低。根据哺乳类 GnRH 化学结构与功能分析结果对 GnRH 进行人为的改造，人工合成并筛选出高活性 GnRH 类似物，即促黄体生成素释放激素激动剂（luteinizing hormone releasing hormone agonist，LHRH-A）。

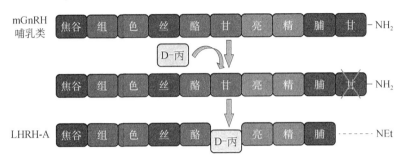

图 5-5　LHRH-A 的人工改造示意图

　　LHRH-A 本身不是一种促性腺激素，没有直接作用于生殖腺的功能。LHRH-A 是基于哺乳类 GnRH 氨基酸序列，将第六位的甘氨酸换为 D-丙氨酸，然后去掉第十位的甘氨酸，形成的一个 GnRH 九肽类似物（LHRH-A：焦谷-组-色-丝-酪-丙-亮-精-脯-NH$_2$）。这种人为设计改造，并不是改变其与受体的结合亲和力，而是使其在鱼体内降解作用降低，延长刺激 GtH 细胞释放 GtH 的作用时间，使血液 GtH 水平升高的持续时间延长。当注射入鱼体后，LHRH-A 随血液循环到达垂体，对鱼脑垂体发挥强烈而持续的刺激，促使其快速及持续性地分泌 GtH，即 LH 和 FSH，作用效果比内源性 GnRH 的作用更加强烈，达数十乃至上百倍的活性。目前，市场商品化产品主要是 LHRH-A2 和 LHRH-A3，并在多种鱼类的人工生产中广泛使用，并取得显著效果。

　　随后，我国著名的鱼类生理学家林浩然院士与其合作者 Peter 教授在进一步阐明鱼类生殖调控机理的背景下，结合鱼类促性腺激素受神经内分泌系统双重调节的机理，深入开展鱼类高活性催产剂的研发。利用金鱼作为研究模型，用 m-GnRH、s-GnRH 和一种鸟类 GnRH（b-GnRH）以及它们的类似物进行一系列对比试验后，采用多巴胺拮抗物 Pimozide 或 Domperidone 来阻断多巴胺对 GtH 释放的抑制作用，消除负调控影响，能显著增强金鱼等多种养殖经济鱼类的脑垂体 GtH 的分泌，且增强效果呈剂量依存关系。通过多种鱼类的试验探索，最终建立了使用多巴胺受体拮抗剂和类似物（LHRH-A）诱导鱼类产卵的新技术（表 5-1），为鱼类人工繁育做出了巨大的贡献，被誉为鱼类人工催产的第三个里程碑，国际上定名为"Linpe Method"（林彼方法）。

表 5-1　诱导我国主要淡水养殖鱼类排卵和产卵的"林彼方法"

鱼种	水温/℃	处理	排卵效应时间/h
鲤鱼	20～25	Domperidone（5mg/kg）+LHRH-A（10μg/kg）	14～16
		Domperidone（1mg/kg）+s-GnRH-A（10μg/kg）	14～16
鲢鱼	20～30	Domperidone（5mg/kg）+LHRH-A（20μg/kg）	8～12
		Domperidone（5mg/kg）+s-GnRH-A（10μg/kg）	8～12

续表

鱼种	水温/℃	处理	排卵效应时间/h
鲮鱼	22~28	Domperidone（5mg/kg）+LHRH-A（10μg/kg）	6
鳊鱼	22~30	Domperidone（3mg/kg）+LHRH-A（10μg/kg）	8~10
草鱼	18~30	Domperidone（5mg/kg）+LHRH-A（10μg/kg）	8~12
鳙鱼	20~30	Domperidone（5mg/kg）+LHRH-A（50μg/kg）	8~12
青鱼	20~30	Domperidone（3mg/kg）+LHRH-A（10μg/kg） 6h 后再注射 Domperidone（7mg/kg）+LHRH-A（15μg/kg）	6~8

第二节　促性腺激素对鱼类生殖活动的影响

在下丘脑-垂体-性腺（HPG）生殖轴中，垂体是中间节点，其分泌的促性腺激素（GtH）是介导生殖调控的重要分子，并在生殖轴中起到承上启下的关键作用。GtH 通过血液循环，直接作用性腺或其他靶器官，对性类固醇激素分泌、生殖周期启动，以及生殖细胞产生、成熟和排放等生理活动起着重要的调节作用。因此，GtH 的研究是生殖内分泌研究的重要内容，不仅有重要的理论价值，也有重要的实践意义。

一、促性腺激素的分布、合成及代谢

（一）GtH 分泌细胞的分布

鱼类 GtH 具有两种类型，分别由不同的腺垂体腹部的嗜碱性细胞分泌产生。根据虹鳟的 GtH-Ⅰ和 GtH-Ⅱβ 亚基特异性抗血清对虹鳟和大西洋大麻哈鱼的脑垂体免疫细胞化学研究结果，发现和 GtH-Ⅰβ 亚基抗血清起特异性免疫（染色）反应的细胞主要分布在中腺垂体腹部的周围，靠近生长激素（growth hormone）分泌细胞；而和 GtH-Ⅱβ 亚基抗血清起特异性免疫（染色）反应的细胞则主要分布在中腺垂体腹部的中央部分，表明虹鳟 GtH-Ⅰ 和 GtH-Ⅱ明显分布在不同细胞里，并且目前尚未发现在一种垂体细胞里同时含有两种 GtH 的情况。此外，GtH-Ⅰ细胞在鱼类性腺开始发育之前就已在脑垂体出现；而 GtH-Ⅱ细胞则在卵黄发生期和精子生成期开始时才形成；在性腺成熟期，脑垂体同时存在 GtH-Ⅰ 和 GtH-Ⅱ细胞，但后者数量要比前者多，表明两种 GtH 存在着明显的时空表达差异，进一步说明不同 GtH 细胞产生不同的 GtH，并且发挥不同的调节功能。

由于鱼类脑结构的特殊性，在下丘脑中没有哺乳类正中隆起的结构，导致脑垂体没有真正的门脉系统，因此，下丘脑神经分泌细胞的神经纤维末梢需直接投射延伸到腺垂体中，以直接调节腺垂体分泌细胞的活动。鱼类 GtH 分泌细胞同样受到下丘脑神经分泌细胞的直接调节。因此，GtH 分泌细胞的分布与下丘脑神经分泌细胞的神经纤维分布相关。目前 GtH 分泌细胞主要有两种分布情况，如图 5-6 和图 5-7 所示，一类 GtH 分泌细胞主要分布在下丘脑神经分泌细胞延伸到腺垂体的神经纤维下，可受神经内分泌细胞直接调控；另一类 GtH 分泌细胞受视前核神经分泌细胞的调节，但未与视前核神经分泌细胞的纤维接触，而是被基膜隔开。此外，GtH 分泌细胞含有小囊泡的特征，大小与侧结节核一些神经元内的分泌小囊泡相似，但小囊泡的数量、大小、形态和细微结构与鱼类的生理状态相关，主要取决于鱼的生殖周期，如在繁殖季节，囊泡数量多且体积相对较大。

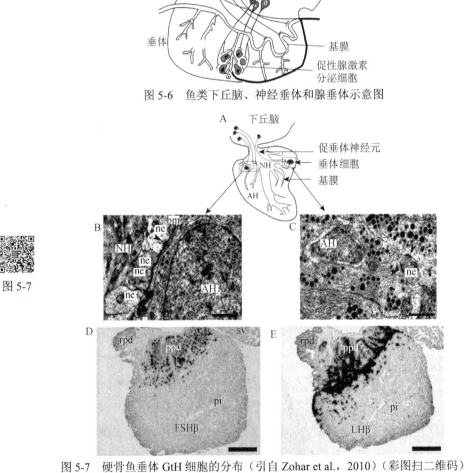

图 5-6　鱼类下丘脑、神经垂体和腺垂体示意图

图 5-7　硬骨鱼垂体 GtH 细胞的分布（引自 Zohar et al.，2010）（彩图扫二维码）

A. 垂体结构模式图。基膜将腺垂体（AH）和神经垂体（NH）分隔开来；B. 电子显微镜显示食蚊鱼（*Gambusia affinis*）神经分泌纤维（ne）直接接触到基膜（bm），并分泌小囊泡（箭头）；C. 神经末梢与 GtH 分泌细胞建立突触样接触（箭头）；D, E. FSHβ 和 LHβ 探针杂交显示虹鳟 FSH（D）和 LH（E）细胞主要分布在垂体近端远侧（proximal pars distalis，ppd），并在远端吻侧部（rostral pars distalis，rpd）或中间背侧部分（pars intermedia，pi）中观察到 LH 表达细胞（E）。sv 表示囊状血管

（二）GtH 细胞的分泌颗粒

通过电子显微镜对不同鱼类 GtH 细胞的分泌颗粒进行持续及深入研究，认为鱼类 GtH 细胞的分泌颗粒分为大小不同的两种类型，分别是小型分泌颗粒和大型分泌颗粒。小型分泌颗粒的数量多，嗜碱性，并且电子密度大；大型分泌颗粒数量较少，嗜酸性，电子密度小。目前，两种分泌颗粒的生理尚未完全清楚，但进行了初步研究。排卵后或注射 GnRH 刺激后，GtH 细胞的小型分泌颗粒显著减少，从而推测小型分泌颗粒与鱼类排卵直接相关，并可能含有类似 LH（GtH-Ⅱ）的物质；而大型分泌颗粒在排卵后或注射 GnRH 后无明显变化，表明与排卵等生理活动无紧密相关性。另外，采用蛋白质 A-金（protein A-gold）的免疫细胞化学技术，在电子显微镜下观察金鱼 GtH 分泌细胞的分泌颗粒，发现大、小型分泌颗粒都带有和 GtH 抗体相结合的金颗粒，表明两种颗粒都含有 GtH 蛋白，但具体种类尚不清楚。随后，化学成分分析发现，大型颗粒 GtH 蛋白糖量低或者不含糖，其嗜碱性较弱，因此推测大型分泌颗粒可能含有另一种 GtH（GtH-Ⅰ）。

此外，在鱼类排卵和排精时，电子显微镜下 GtH-Ⅰ细胞的大型分泌颗粒很少，免疫染色反应的金颗粒集中于小分泌颗粒；GtH-Ⅱ细胞含有许多扩大的粗面内质网池，并且免疫染色反应的金颗粒大量分布在大型分泌颗粒和小型分泌颗粒，表明处于活跃的合成与分泌状态的 GtH-Ⅱ细胞是调控鱼类排精和排卵的主要类型。GtH 细胞的分泌颗粒及 GtH 的分泌过程与机体的生理活动具有十分重要的相关性，具体的分泌机理尚未完善，有待后续深入探讨。

（三）GtH 基因在生殖周期中的表达

GtH 基因的表达与鱼类的发育状态及生殖周期密切相关，通常是随着性腺的逐步发育与成熟，GtH-Ⅰ和 GtH-Ⅱβ亚基的基因表达也随之逐渐增加（图 5-8）。通常在每年 2～3 月精子发生开始时，雄性鲑科鱼类血液的 GtH 水平最低；在精母细胞增殖时略为升高，然后保持相当稳定的水平到 7 月；7～11 月，血液 GtH 水平的渐次增高与精巢里出现精子细胞和精子相关。雌性鲑科鱼类一般在未性成熟时血液 GtH 水平最低，而当卵母细胞开始形成时血液 GtH 水平略为升高。伴随着卵母细胞的发育，血液 GtH 水平亦逐渐升高，并在卵母细胞发育成熟时血液 GtH 水平达到峰值。鲤科鱼类通常都在春季产卵。在春季接近繁殖时，GtH 水平达到最高，比生殖前提高 2 倍多。长臀鮠（*Cranoglanis boudesius*）和拟鲤（*Rutilus rutilus*）等鱼类的血液 GtH 水平在性未成熟时很低，随着性腺发育而上升，并在产卵季节达到最高。

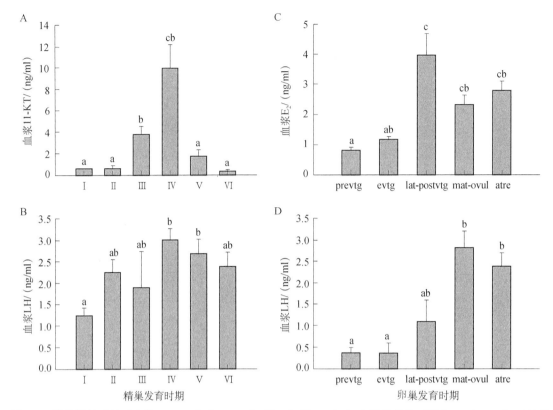

图 5-8 雌雄鲈性成熟时血浆 11-KT（A）、LH（B 和 D）和 E₂（C）水平的变化（引自 Rocha et al.，2009）

雄性：Ⅰ期（未成熟期）；Ⅱ期（复发早期）；Ⅲ期（复发中期）；Ⅳ期（复发晚期）；Ⅴ期（精子成熟期）；Ⅵ期（产卵后期）。雌性：prevtg（卵黄形成前）；evtg（早期卵黄发生）；lat-postvtg（卵黄发生晚期）；mat-ovul（成熟-排卵期）；atre（封闭期）。标有不同字母的各组之间具有显著性差异

在雌雄裸盖鱼（*Anoplopoma fimbria*）性腺发育中，GtH-Ⅰ 和 GtH-Ⅱ 的 β 亚基 mRNA 在垂体中的表达逐渐增加，并在成熟期中表达量最高（图 5-9）；在条纹鲈（*Morone saxatilis*）雌鱼卵巢发育早期，GtH-Ⅰ 和 GtH-Ⅱ 的 β 亚基表达量同样逐步增加，在卵黄生成后期，GtH-Ⅰβ 亚基的 mRNA 含量降低到基础水平，但 GtH α 亚基和 GtH-Ⅱβ 亚基 mRNA 始终保持较高的表达水平；GtH 基因的表达特征是 GtH-Ⅰ 与 GtH-Ⅱβ 亚基 mRNA 含量随性腺发育与成熟而增加；另一个显著特征是，GtH-Ⅰβ 亚基 mRNA 表达量一般在性腺发育期增加明显，而 GtH-Ⅱβ 亚基 mRNA 表达量在卵黄生成后期增加更加明显。

雌性

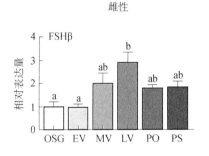

雄性

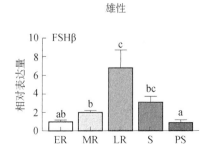

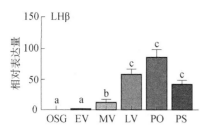 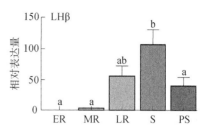

图 5-9 垂体促性腺激素 β 亚基在雌雄裸盖鱼不同发育阶段的表达水平（引自 Guzmán et al.，2018）

卵巢发育阶段包括次生生长起始期（onset of secondary growth，OSG）；卵黄发生的早期阶段（early vitellogenesis，EV）；卵黄发生中期（mid vitellogenesis，MV）；卵黄发生后期（late vitellogenesis，LV）、排卵周围期（periovulatory，PO）；产卵后阶段（postspawning，PS）。精巢发育阶段包括复发早期（early recrudescence，ER）；复发中期（mid recrudescence，MR）；复发晚期（late recrudescence，LR）；精子成熟期（spermiating，S）；排精后（postspawning，PS）

（四）GtH 的重组蛋白表达

鱼类 GtH 功能研究及应用障碍之一就是缺乏高纯度的重组活性蛋白。随着分子生物学的发展，基因工程技术的应用突破了 GtH 必须从脑垂体中纯化的限制。目前，已运用多种体外重组蛋白表达系统，实现了多种鱼类 GtH 的重组表达，获得高活性重组蛋白，并广泛生产应用，取得了显著的应用效果（表 5-2）。

表 5-2 鱼类促性腺激素重组蛋白表达系统（引自 Mazón et al.，2015）

物种	表达系统	重组蛋白	质粒载体
鲤鱼（Cyprinus carpio）	杆状病毒	GPα	pAV6
海鲷（Sparus aurata）	杆状病毒	FSH + LH	
斑点叉尾鮰（Ictalurus punctatus）	果蝇细胞系	FSH + LH	pMT
胡子鲇（Clarias gariepinus）	阿米巴虫	FSH + LH	MB12n
金鱼（Carassius auratus）	杆状病毒	FSH + LH	pYNG
金鱼（Carassius auratus）	虹鳟胚胎	LH + FSH	pmBP
日本鳗鲡（Anguilla japonica）	毕赤酵母	FSH	pPIC9
日本鳗鲡（Anguilla japonica）	果蝇细胞系	FSH + LH	pMT
罗非鱼（Oreochromis niloticus）	毕赤酵母	FSH + LH	pPIC9 K
斑马鱼（Danio rerio）	中国仓鼠细胞	FSH + LH	pcDNA/FRT
斜带石斑鱼（Epinehelus coioides）	杆状病毒	LH	pFastBacdual
细鳞鲑（Brachymystax lenok）	中国仓鼠细胞	FSH + LH	pcDNA3
细鳞鲑（Brachymystax lenok）	杆状病毒	FSH + LH	pYNG

在杆状病毒-家蚕幼虫体系中，将金鱼 GtH α、GtH-Ⅰβ 和 GtH-Ⅱβ 亚基基因的 cDNA 分别构建到杆状病毒表达载体中，然后感染家蚕幼虫，经过 5d 培养后收集血淋巴，并注射到性成熟的雄金鱼和雌性鳑鲏鱼（Rhodeus ocellatus）体内，结果发现注射含有重组 GtH-Ⅰ 与 GtH-Ⅱ 家蚕血淋巴的雄金鱼精液量增加，并且促使雌鳑鲏鱼顺利产卵，达到明显的催产效果；在大肠杆菌表达体系中，利用基因工程技术，成功表达了草鱼、鲤鱼和史氏鲟（Acipenser schrencki）的 GtH-Ⅰ 与 GtH-Ⅱ 重组蛋白，并深入开展了 GtH 的生理功能研究，阐明了 GtH

的调控机理；在变形虫表达体系中，获得了具有活性的非洲鲇（*Silurus asotus*）GtH-Ⅰ和 GtH-Ⅱ重组蛋白；在昆虫细胞中，建立了鲤鱼的 GtH-Ⅰ和 GtH-Ⅱ重组蛋白表达方法，并获得活性重组蛋白；在哺乳动物细胞中，条纹鲈 GtH-Ⅰ和 GtH-Ⅱ，以及虹鳟 GtH-Ⅱ的重组蛋白表达均获得成功；在酵母表达系统中，斑马鱼和斜带石斑鱼等鱼类的 GtH-Ⅰ和 GtH-Ⅱ重组蛋白表达获得成功，并通过在体实验验证，具有可以刺激性类固醇激素分泌的活性。目前用于鱼类 GtH 重组蛋白表达的技术手段较多，根据实验或生产的需求，采用不同的重组蛋白表达方法。

二、GtH 在鱼类中的生殖调节功能

（一）GtH 对性腺发育、成熟和排卵（精）的促进作用

鱼类性腺发育成熟是 GtH 分泌缓慢而稳定增加的作用结果，而排卵和精子生成则必须以 GtH 大量分泌为先导（表 5-3）。根据鲑科鱼类血液中 GtH 水平的变化和性成熟的关系，发现其规律是：生殖细胞成熟的早期，GtH 处于低水平；雌鱼在卵母细胞生长和卵黄大量积累时，GtH 水平缓慢提高；雌雄鱼达到性成熟时，GtH 水平显著提高；雌鱼在接近排卵时，GtH 水平达到最高峰。在雌性性成熟金鱼中，经过长日照（16h 光亮，8h 黑暗）的刺激，在黑暗期的后半段就发生排卵，而在排卵前，血液中 GtH 水平在黑暗期前就已达到最高峰。各种实验证据表明，GtH 规律性的分泌与性腺的发育及成熟具有重要的相关性。

表 5-3　部分硬骨鱼的血浆促性腺激素水平（引自 Mazón et al.，2015）

物种	促性腺激素	雄鱼/（ng/ml）			雌鱼/（ng/ml）				
		性未成熟	精巢复发	排精	性未成熟	卵黄形成	性成熟	排卵	排卵后
大麻哈鱼	FSH	—	—	—	—	—	—	40	—
（*Oncorhynchus keta*）	LH	—	—	—	—	—	—	70	—
玫瑰大麻哈鱼	FSH	—	—	—	—	—	—	2	—
（*Oncorhynchus rhodurus*）	LH	—	—	—	—	—	—	18	—
虹鳟	FSH	<2	5	—	<2	8	—	—	—
（*Oncorhynchus mykiss*）	LH	<2	1.5	—	<2	2	—	—	—
Oncorhynchus mykiss	FSH	<2.5	5~6	3~4	<2.5	17	<7	34	—
	LH	<0.3	<0.3	3	<0.3	<0.3	2	70	—
Oncorhynchus mykiss	FSH	—	—	—	8	17	10	8	>25
	LH	—	—	—	<0.5	1.5	21	13	4.5
Oncorhynchus mykiss	FSH	2	9	4	3.5	15	3~8	—	15
	LH	N.D.	<0.5	0.8	N.D.	<0.1	2.5~6	—	15
Oncorhynchus mykiss	FSH	—	—	—	3	11	—	32	—
银大麻哈鱼	FSH	<2	50	20	<2	30	—	10~15	—
（*Oncorhynchus kisutch*）	LH	<1	<1	5~12	<1	<1	—	15~40	—
条纹狼鲈									
（*Morone saxatilis*）	LH	—	—	5	—	1	4.5	—	3
罗非鱼	FSH	—	—	—	—	5~6	—	5~6	—
（*Oreochromis niloticus*）	LH	—	—	—	—	5~6	—	8~10	—

续表

物种	促性腺激素	雄鱼/（ng/ml）			雌鱼/（ng/ml）				
		性未成熟	精巢复发	排精	性未成熟	卵黄形成	性成熟	排卵	排卵后
舌齿鲈	LH	1.2	2～3	2.6	<0.5	1	2.7	2.7	2.4
（Dicentrarchus labrax）	FSH	18	29～42	15	24	32	16	16	22
塞内加尔鳎	FSH	12	30～38	14	N.D.	N.D.	N.D.	N.D.	N.D.
（Solea senegalensis）									

注：N.D. 表示没有检测；"—"表示没能检出浓度

　　GtH 对生殖细胞的发育成熟不是直接发挥作用，而是通过作用于性腺，促使性腺产生性类固醇激素来发挥间接的调节作用。鲑鱼 GtH 能使完整的滤泡膜，以及共同培养的膜细胞层和颗粒细胞层培养液中雌二醇（E$_2$）含量增加，而 GtH 单独培养的膜细胞层和颗粒细胞层则没有作用效果。另外，如果把颗粒细胞层放入已孵育过 GtH 和膜细胞层的介质中，则能产生大量 E$_2$。推测其机理是 GtH 促使膜细胞层产生大量睾酮，并且睾酮可作为底物，在和颗粒细胞层一起孵育时，可在颗粒层细胞中形成 E$_2$。因此，膜细胞层和颗粒细胞层对于 GtH 诱导的 E$_2$ 产生过程都是必要的。由此也提出了卵母细胞滤泡产生雌激素的双层细胞模式（图 5-10）。

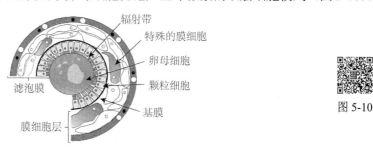

图 5-10　硬骨鱼类双层细胞模式图（彩图扫二维码）

　　GtH 作用于滤泡膜而产生的另外一种固醇类激素 17α，20β-双羟孕酮（17α，20β-DHP）是诱导卵母细胞最后成熟的介体。在日本鳗鲡（Anguilla japonica）的研究中，GtH 诱导卵母细胞滤泡膜合成释放 17α，20β-DHP，特别是在卵母细胞最后成熟时，17α，20β-DHP 在雌鱼血液内含量大大增加，并诱导核融解和排卵；在体外培育实验中，17α，20β-DHP 同样能诱导金鱼、虹鳟和北美狗鱼等鱼类卵细胞成熟，并且可在低温下诱导鲤鱼产卵，但 17α，20β-DHP 的作用只限于卵母细胞成熟后期，因此，17α，20β-DHP 对时间的严格要求，使它在生产实践中的应用有很大局限性。GtH 能诱导膜细胞层和颗粒细胞层共同培养物产生大量 17α，20β-DHP，而单独诱导膜细胞层或颗粒细胞层时，17α，20β-DHP 的产生量极少，并对颗粒细胞层没有作用。由此推测，在 GtH 诱导下，膜细胞层合成 17α，20β-DHP 前体，可能是 17α-羟基孕酮，然后转移到颗粒细胞层，由 20β-羟基类固醇脱氢酶转化为 17α，20β-DHP。

　　E$_2$ 主要是在卵细胞发育早期，特别是卵黄生成时起重要的促进作用，但并不参与卵细胞成熟的最后阶段，而 17α，20β-DHP 主要是作用于卵母细胞的最后成熟。两者是在生殖轴上游 GtH 的精细调控下，分别作用于性腺发育的不同阶段，保证性腺的正常发育与成熟

（图5-11）。此外，性腺的发育是性类固醇激素作用的复杂过程，除了 E₂ 和 17α，20β-DHP 外，还有睾酮、肾上腺皮质激素和皮质酮等激素的参与。

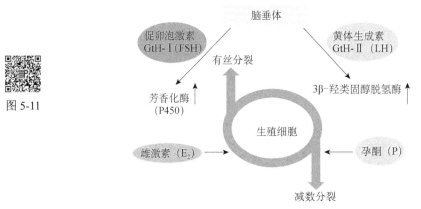

图 5-11

图 5-11　GtH 对性腺的发育与成熟的调控作用示意图（彩图扫二维码）

（二）GtH 在性别分化和性逆转中的作用

GtH 对脊椎动物生殖系统的早期发育和性别分化具有重要影响，特别是环境依赖型性别决定（environment-dependent sex determination，ESD）的动物最可能通过"脑-垂体"来应答环境的改变，进而改变性别分化的方向。银汉鱼是一种具有温度依赖型性别决定（temperature-dependent sex determination，TSD）的鱼类，在性别分化的关键时期，温度能够控制其表型性别，在 15～19℃为全雌；随着温度升高，雌性比例逐渐减少，在 29℃为全雄；蓝色罗非鱼的雌雄性别同样受到温度的影响，并随温度升高，雄性率提高，当达到 34℃时，雄性率达到 97.4%，而温度降低至 27℃时，雌雄比例趋于平衡，雄性率降低至 63%。GtH 与性别分化具有重要的关联性。外界温度的变化，均会影响到内源性 GtH 的表达水平，从而影响性别分化。

在性逆转过程中，GtH-Ⅰ 和 GtH-Ⅱ也同样参与调控。在赤点石斑鱼中，性逆转早期阶段 GtH-Ⅰ 和 GtH-Ⅱ表达量处于低水平，但在性逆转后期阶段和雄性阶段表达量升高；在黑鲷（*Acanthopagrus schlegelii*）、黄鳝（*Monopterus albus*）和红鳞丝隆头鱼（*Cirrhilabrus rubrisquamis*）中，血清中 GtH-Ⅱ的含量随性逆转的发生而不断增加；此外，通过注射哺乳动物的 GtH-Ⅱ或 HCG，能诱导提前性逆转发生；同样，在蜂巢石斑鱼中，在体注射牛 GtH-Ⅰ 重组蛋白能够显著提高内源性雄激素的含量，并诱导雌性向雄性逆转。各种鱼类 GtH 基因在性别分化过程中的表达模式，或 GtH 蛋白的作用结果，均表明鱼类的性别分化或性逆转受 GtH 的作用，同时为鱼类的性别控制等生产操作提供了技术参考。

第三节　性类固醇激素对鱼类生殖活动的影响

性类固醇激素在雌性中主要是指雌激素和孕激素，在雄性中主要是指以睾酮为主的雄激素。鱼类性类固醇激素的机能主要有三方面：第一是刺激性腺发生和发育，包括生殖导管的发生和维持以及配子的发生；第二是刺激第二性征发育和性行为的发生，当配子发育到准备受精的阶段，由于性类固醇激素的作用，诱使两性聚集在一起以保证受精顺利进行；第三是对垂体促性腺激素（GtH）具有反馈作用，从而维持性类固醇激素调节的正常生理机能。性类固醇激素可影响鱼类早期性别决定、性别分化和维持、性腺的发育和配子发生等生殖活动和过程。

一、性类固醇激素对鱼类性别决定、分化和维持的作用

在鱼类中，内源性类固醇激素对于性别决定与分化有重要作用，其作用机理主要有"平衡假说"和"缺失假说"两种假说。"平衡假说"认为鱼类性别的分化取决于鱼体早期雌雄激素水平的比例，若雌激素多于雄激素则发育为雌性，反之则为雄性。这种观点是基于利用性类固醇激素能成功控制鱼类性别提出的，雄激素诱导能得到雄性表型、雌激素诱导能得到雌性表型，尤其是在性别决定与分化的关键时期。"缺失假说"认为雌激素是鱼类性别分化的关键因素，在性别决定关键时期若体内有雌激素的合成则发育为雌性，没有则发育为雄性。这种观点是基于鱼体发育早期雌鱼体内就有雌激素的合成而雄鱼体内没有激素合成，内源雌激素的合成是鱼类向雌性方向发育的必要条件，而其水平的下降则会促使鱼向雄性方向发育，用抑制雌激素合成酶的药物处理雌鱼也得到了功能性的雄鱼。

（一）雌激素对鱼类性别决定、分化和维持的作用

雌激素能够改变鱼类的遗传性别的分化方向。在硬骨鱼类性别决定的关键时期，一些类固醇激素合成酶基因，包括细胞色素 P450 第 11 家族 A 亚家族多肽 1（细胞色素 P450 胆固醇侧链裂解酶）（cytochrome P450 family 11 subfamily A polypeptide 1，cyp11a1），类固醇激素合成急性调节蛋白（steroidogenic acute regulatory protein，star），17α-羟化酶/17, 20-裂解酶（17-alpha-hydroxylase/17, 20 lyase，cyp17a）和芳香化酶，即细胞色素 P450 第 19 家族 A 亚家族多肽 1（cytochrome P450 family 19 subfamily A member 1，cyp19a1）和雌激素受体（erα、er1 和 er2）在卵巢中开始表达，内源雌激素 E_2 开始合成（图 5-12）。在雌雄异体的鱼性别决定与分化的关键时期或在此之前，利用芳香化酶抑制剂阻断雌激素的合成或者通过基因敲除技术突变 cyp19a1a，导致雌性斑马鱼和罗非鱼全部性逆转为雄鱼（图 5-13）。翼状螺旋/叉头转录因子 2（winged helix/forkhead transcription factor gene 2，Foxl2）和类固醇生成因子 1（steroidogenic factor 1，Sf1）是调控 Cyp19a1a 表达和 E_2 生成两个重要的转录因子。在斑马鱼和罗非鱼纯合突变地 foxl2 或者在罗非鱼杂合突变 Sf1 都导致雌鱼体内雌激素的合成受阻，性逆转为雄鱼。因此，雌激素被认为是卵巢分化的天然诱导剂。

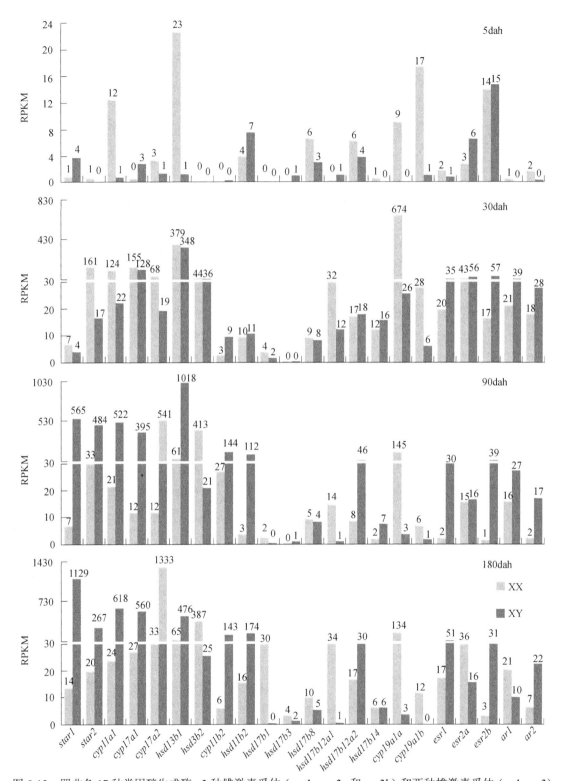

图 5-12　罗非鱼 17 种类固醇生成酶、3 种雌激素受体（*esr1*、*esr2a* 和 *esr2b*）和两种雄激素受体（*ar1*、*ar2*）基因在孵化后 5d、30d、90d 和 180d 后在 XX 和 XY 性腺中的表达（引自 Tao et al.，2013）

dah 表示孵化后的天数；RPKM 表示每百万 reads 中来自某基因每千碱基长度的 read 数

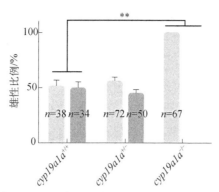

图 5-13　斑马鱼中敲除 *cyp19a1a* 基因导致雌鱼性逆转为雄鱼（引自 Yin et al.，2017）

**表示两组之间存在显著性差异，$P < 0.05$

雌激素在性别维持中具有重要作用。在雌雄同体鱼雄性先熟的赤点石斑鱼（*Epinephelus akaara*）、黄鳝和黑鲷中，由雄向雌性逆转过程中，雌激素水平显著上升。而在雄性先熟的黑鲷，由雄向雌性逆转过程中，雌激素合成关键酶基因 *cyp19a1a* 在精巢间质细胞中的表达显著上调。用芳香化酶抑制剂法倔唑可以阻断黑鲷由雄向雌的性逆转，使其全部发育为雄性。在雌性先熟鱼中，血清中雌激素水平在其由雌性向雄性逆转过程中显著降低。这表明天然性逆转的发生和雌激素的水平紧密相关。而在雌雄异体鱼，即使是已经分化的功能性卵巢，也可以通过长期添加芳香化酶抑制剂抑制雌激素的合成，导致卵巢的发育无法维持，次发性逆转为功能性精巢），这种性逆转能被雌激素回救（图 5-14）。用雌激素处理未发生性别分化的遗传雄性个体也可以导致向雌性的性逆转，这些结果证明了雌激素在卵巢的维持上也是必需的。

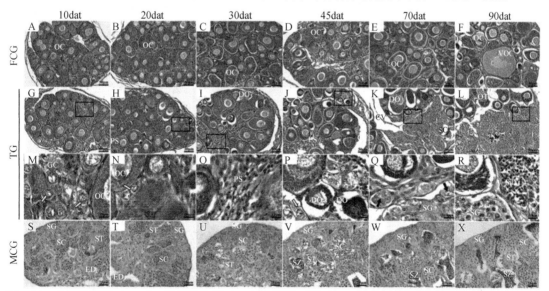

图 5-14　在雌性对照（FCG）、法倔唑处理（TG）和雄性对照（MCG）次发性性逆转（SSR）中罗非鱼的性腺组织学切片（引自 Sun et al.，2014）

处理时间为从孵化后 90d 开始，持续 90d。A～F. 雌性对照性腺（FCG）；G～R. 法倔唑处理性腺（TG）；M～R 为 G～L 图中方框放大图片。S～X：雄性对照。图片字母含义：OC. 卵母细胞；VOC. 卵黄原卵母细胞；GC. 生殖细胞；DO. 退化卵母细胞；PS. 增殖体细胞；CV. 卵巢腔；SG. 精原细胞；SC. 精母细胞；ST. 精子细胞；SZ. 精子；ED. 传出管；OT. 卵管；TT. 精巢组织

（二）雄激素对鱼类性别决定、分化和维持的作用

在硬骨鱼类性别决定与分化的关键时期或在此之前中，雄性青鳉和一些其他硬骨鱼的精巢中都未检测到 Cyp11a1、3β-羟类固醇脱氢酶（3β-hydroxysteroid dehydrogenase，3β-HSD）、细胞色素 P450 第 11 家族 B 亚家族多肽 2（cytochrome P450 family 11 subfamily B polypeptide 2，Cyp11b2）、11β-羟基类固醇脱氢酶 2（11β-hydroxysteroid dehydrogenase type 2，11β-HSD2）和雄激素受体（AR）等类固醇激素生成酶基因的表达。在罗非鱼鱼苗孵化后 5d，遗传雄性鱼苗中没有检测到 P450scc、3β-HSD、Cyp17a1 和 Cyp11b2 的表达，即在孵化 5d 后雄鱼体内没有性激素的合成，同时罗非鱼性腺转录组测序分析的结果表明，在孵化后 30d 的雄鱼体内才开始有微弱的雄激素合成，这些结果表明内源雄激素在鱼类性别分化关键时期是缺失的，而在性别决定后开始合成。雄激素通过雄激素受体的介导来发挥作用。在性别决定与分化的关键时期，雄性精巢中还没有内源雄激素合成和雄激素受体的表达（图 5-12）。罗非鱼的研究表明，在性别决定与分化之前，将遗传全雌 XX 或遗传全雄 XY 罗非鱼暴露于雌、雄激素同时存在的环境中，其性别也都分化为雌性，性腺发育为卵巢。而将遗传全雌 XX 鱼，暴露于仅含有外源雄激素 MT 的环境中，其性别分化为雄性，性腺发育为精巢。但是基因表达研究表明，在这些鱼的性逆转过程中，性腺中雌激素合成酶 Cyp19a1a 的表达缺失时，雄激素合成关键酶 Cyp11b2 才开始在性腺中表达，也就是说雌激素的降低先于雄激素的升高。因此，雄激素不参与鱼类的性别决定和分化。然而，在产雄温度（male-producing temperature，MPT）下，虹鳟和银汉鱼中雄激素合成关键酶 Cyp11b1 和 11β-HSD2 在性别决定与分化之前就开始表达，但是，在性别决定与分化的关键时间，雄激素合成酶又急剧降低，直到形态学分化起始，雄激素合成酶的表达又逐渐升高（图 5-15）。因而，在硬骨鱼类性别决定与分化的关键时期或在此之前，雄激素是否开始合成和参与性别决定一直是存在争议的。

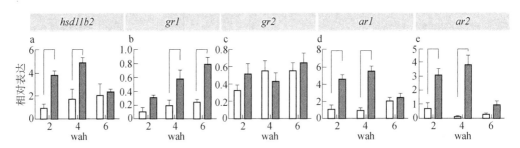

图 5-15　性别决定期用 RT-qPCR 定量检测产生雌性的温度（17℃，用灰框表示）、产生雄性的温度（29℃，用白框表示）条件下牙银汉鱼（*Odontesthes bonariensis*）幼鱼 *hsd11b2*、*gr1*、*gr2*、*ar1* 和 *ar2* 的相对表达（引自 Fernandino et al.，2012）

wah 表示孵化后周数

二、性类固醇激素对鱼类性腺发育和配子发生的作用

（一）雌激素在鱼类性腺发育和配子发生中的作用

在卵细胞生长阶段，雌二醇（E_2）主要的功能是刺激卵黄蛋白原在肝脏的合成。在卵母细胞的发育过程中，雌激素能直接作用于卵母细胞，调控卵母细胞发育成熟过程，促进其中卵黄蛋白原的积累。在虹鳟和青鳉的研究中都发现低浓度 E_2 能刺激精原干细胞增殖，而高浓度的 E_2 则会抑制其增殖和精子发生。在性成熟的雄鱼中，低浓度的 E_2 能促进精子发生，而高浓度 E_2 减少精液含量，并有可能造成不育。在罗非鱼中，利用外源雌激素处理孵化后 0dah（days after hatching，dah）的 XY 鱼至 30dah，导致其性逆转为雌鱼，生殖细胞的减数分裂提前，相反，利用芳香化酶的抑制剂处理孵化后 0dah 的 XX 鱼至 30dah，导致其性逆转为雄鱼，生殖细胞的减数分裂延迟（图 5-16）。雌激素对参与类固醇生成的一系列基因都有直接或间接的调控作用，如 *star*、*3β-hsd*、*cyp19a1a* 等。E_2 在鱼类卵巢卵母细胞的减数分裂停滞维持和恢复过程中具有重要作用。在斑马鱼中，E_2 也能通过升高视黄醇结合蛋白基因 Ⅰ 和基因 Ⅱ 的表达，调控视黄酸的合成，从而调控未分化精原细胞的增殖和分化。在斑马鱼和罗非鱼中，敲除雌激素受体（estrogen receptor，ER）基因 *er1* 或者 *er1* 和 *er2*，导致雌鱼卵巢中的卵母细胞的发育停滞卵黄发生前。此外，在 *cyp19a1a*$^{-/-}$ 的雌性斑马鱼和罗非鱼中，E_2 合成受阻，导致其性逆转为雄性，生殖细胞的减数分裂延迟。雌激素对雄鱼的性腺发育也是必不可少的。

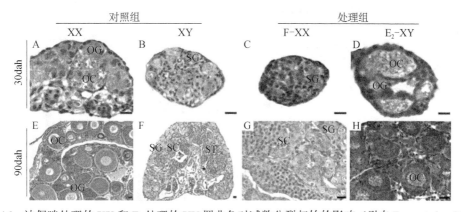

图 5-16　法倔唑处理的 XX 和 E_2 处理的 XY 罗非鱼对减数分裂起始的影响（引自 Feng et al.，2015）

A～H. 法倔唑和 E_2 处理对 XX 和 XY 罗非鱼减数分裂影响的性腺组织显微切片。在法倔唑处理组 XX 性腺中，生殖细胞将减数分裂开始推迟到 90dah，导致雌性向雄性性反转，精巢在 90dah 出现精原细胞、精母细胞和精子细胞。相比之下，在经 E_2 处理的 XY 性腺中，减数分裂开始时间早于 30dah，并导致雄性向雌性性反转，卵巢在 90dah 出现卵原细胞、初级和次级卵母细胞。OG. 卵原细胞；OC. 卵母细胞；SG. 精原细胞；SC. 精母细胞；ST. 精子细胞

（二）雄激素在鱼类性腺发育和配子发生中的作用

雄激素在精原细胞的增殖和分化中都扮演着重要角色，但是雄激素的两种受体在生殖细胞中并未表达，而表达于支持细胞（sertoli cell）和间质细胞（interstitial cell），表明雄激素

的作用通路是通过上述细胞从而对生殖细胞起作用。在鱼类，11-酮基睾酮（11-keto testosterone：11-KT）是其最主要的雄激素。Cyp11b1/2 和 11-HSD 是催化内源雄激素 11-KT 合成的关键限速酶。在远东哲罗鱼（*Hucho perryi*），雄激素水平与精原细胞的增殖密切相关。精巢中 B 型精原细胞出现时，血清中 11-KT 水平显著上调，随着精子发生起始，11-KT 的水平逐渐升高，直到排精前 2 周，其达到最高值，排精后，其水平又逐渐降低。在 *Centropomus undecimalis*，添加外源雄激素能促进其精子发生。在斑马鱼中，低剂量的 E$_2$ 处理导致其精巢中缺失 B 型精原细胞和各级生精细胞，精子发生受阻。然而，添加外源 11-KT 成功回救 E$_2$-XY 处理鱼的精子发生（图 5-17）。在 ar$^{-/-}$ 斑马鱼中，其性腺发育不良，生殖细胞显著减少，仅形成少数正常的成熟精子，导致其育性和血清中 11-KT 的水平显著降低。与此同时，其他研究人员还发现，ar$^{-/-}$ 斑马鱼，其精巢的精小囊结构紊乱，导致精子无法释放到中央的输精管。利用 AR 的抑制剂处理成年的雄性斑马鱼，导致性腺中 *cyp11b2*、*dmc1* 和 *sycp3* 的表达和血清中 11-KT 的水平都显著降低，精子发生受阻。因此，雄激素在鱼类精子发生中具有重要作用。此外，雄激素在雌鱼体内也具有重要作用，在鳗鲡和大马哈鱼中都已经证实，11-KT 能促进卵母细胞的生长。

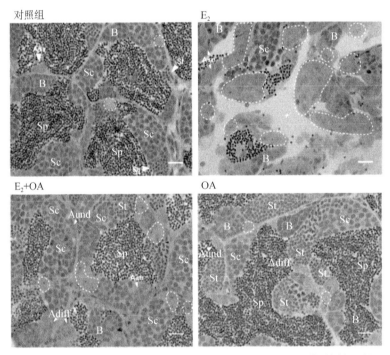

图 5-17　雌二醇（E$_2$）、11 酮基-雄烯二酮（OA）以及雌二醇+11 酮基-雄烯二酮（E$_2$+OA）
类固醇激素联合处理后精巢组织显微结构（引自 de Castro Assis et al.，2018）
Aund. 精原细胞；Adiff. A 型分化中的精原细胞；B. B 型精原细胞；Sc. 精母细胞；St. 精子细胞；Sp. 精子

（三）孕激素在鱼类性腺发育和配子发生中的作用

大众的观点认为，硬骨鱼类中配子成熟诱导激素是孕激素。其主要作用是促进精（卵）

子的最终成熟和排精（卵）以及增强精子的运动力；在鲤科雄性个体也担任着信息素的角色；对某些鱼类的减数分裂启动也有重要作用。目前为止，在鱼类只发现 17α, 20β-双羟孕酮和17α, 20β, 21-三羟孕酮（20β-S）两种具有生物活性的孕激素。大部分硬骨鱼类如尼罗罗非鱼和鲑鱼的孕激素是 DHP，少数鱼类如鲈形目石首鱼科的孕激素是 20β-S。

　　几种孕激素都能刺激溪红点鲑、虹鳟、金鲈、金鱼、狗鱼、香鱼和马苏大麻哈鱼等卵母细胞卵核消失，其中最有效的为 17α, 20β-双羟孕酮，对于溪红点鲑、虹鳟、金鲈和狗鱼，20β-双羟孕酮的作用仅次于 17α, 20β-双羟孕酮，17α-羟孕酮的效果通常与孕酮相似。孕激素对诱导鲑鳟鱼类最后成熟有明显效率，而且这些孕激素在鲑鳟鱼类自然繁殖时期已被查证确实存在于血浆中，如 17α, 20β-双羟孕酮、17α-羟孕酮和孕酮在临产卵前及产卵后的红大麻哈鱼雌鱼的血浆中被鉴定出来。在虹鳟卵母细胞经历最后成熟过程中，血清中含有很高水平的17α-羟孕酮和 17α, 20β-双羟孕酮。性成熟的美洲拟真鲽血浆中也含有 17α-羟孕酮和 17α, 20β-双羟孕酮。应用放射免疫测定法，检测了鲑鳟鱼类在繁殖季节的血液中 17α, 20β-双羟孕酮的浓度水平（表 5-4），可见排卵期间血浆 17α, 20β-双羟孕酮水平迅速上升。

表 5-4　鲑鳟鱼类繁殖期血浆 17α, 20β-双羟孕酮含量变化（引自王义强，1990）

鱼种	实验条件	17α, 20β-双羟孕酮浓度/（ng/ml）	
		最后成熟前	排卵时
虹鳟	自然条件	1～2	270～520
	自然条件	16	354～416
	自然条件	<10	230～270
	人工诱导条件	<10	270～780
大西洋鲑	自然条件	<10	120～280
	人工诱导条件	<10	30～150
银大麻哈鱼	人工诱导条件	<10	130～220
马苏大麻哈鱼	自然条件	～1	50～70

　　有研究发现：在石川氏鲑（Salmo gairdneri）、虹鳟生殖周期的血清中会出现两个 DHP峰值，其中较大的峰值出现在排精期，这与 DHP 促进排精相关；在精原细胞增殖的过程中还会出现一个较小的瞬间峰值，这暗示 DHP 可能在精子发生的早期具有一定的作用。在未成熟的大麻哈鱼和金鱼的腹腔中注射一定剂量 DHP，会促使雄鱼过早性成熟并排精。对未性成熟的日本鳗鲡精巢用不同浓度的 DHP 进行离体组织培养，不论是 5-嗅脱氧尿嘧啶核苷酸（BrdU）指数（可表示细胞的再生水平）、电子显微镜观察还是用减数分裂特异的抗体（Dmcl和 Spo11）做蛋白印记实验，都显示 DHP 能促进精原细胞 DNA 合成以及启动减数分裂过程（图 5-18、图 5-19）。此外，运用相似的离体组织培养体系也证实：DHP 能促进间质细胞中11β-HSD 和支持细胞中胰蛋白酶的表达，这是精原细胞进入减数分裂的一个重要组成部分。DHP 处理不进行精子发生过程的雄鱼会成倍增加精巢的重量和正在分化的细胞类型，在组

织学中会看到大量的 B 型精原细胞和初级精母细胞。此外，精巢中生殖细胞的标记基因（*piwil1*、*dazl*、*sycp3*）、支持细胞高表达的基因（*amh*、*gsdf*）都被上调。这些都暗示 DHP 在精子发生早期具有重要的作用。在远东哲罗鱼和鲤鱼两种硬骨鱼类卵巢离体实验中发现，DHP 能显著性地促进卵巢生殖细胞 DNA 的合成，并且增加正在进行联会复合体的细胞数量，表明 DHP 在卵巢的减数分裂过程中也具有一定的作用。

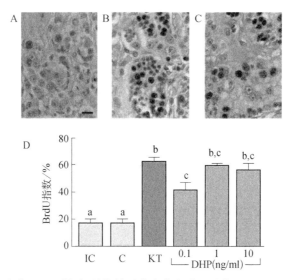

图 5-18　离体 DHP 对鳗鲡早期精子发生的影响（引自 Miura et al.，2006）

显微照片显示在对照组（A）、10ng/ml 11-KT（B）和 1ng/ml DHP（C）的基础培养基中培养的精巢切片。
细胞核暗染的细胞是 BrdU 阳性细胞。不同浓度 DHP 培养精巢碎片生殖细胞 BrdU 指数（D）。
IC. 起始对照；C. 无激素的负对照；KT. 10ng/ml 11-KT

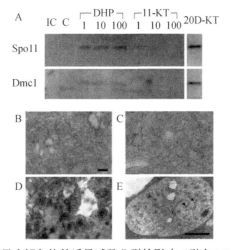

图 5-19　DHP 对日本鳗鱼体外诱导减数分裂的影响（引自 Miura et al.，2006）

减数分裂特异性标记蛋白 Spo11 和 Dmc1 在培养精巢碎片中的表达（A）。采用 1ng/ml、10ng/ml 或 100ng/ml DHP 或 1ng/ml、10ng/ml、100ng/ml 11-KT 培养精巢碎片。显微照片显示在没有激素（B）、10ng/ml 11-KT（C）、10ng/ml DHP（D）培养6d 后精巢碎片中有抗鳗鱼 Spo11 免疫反应物质。用 10ng/ml DHP 培养精巢碎片中精子细胞联会复合体的电镜图片（E）。
20D-KT 表示该泳道是表达减数分裂特异标记物的正控泳道

三、性类固醇激素与生殖行为

与其他脊椎动物一样，鱼类的下丘脑-垂体-性腺轴内分泌系统中，性腺激素在生殖行为中起了主要的中介作用，性激素直接作用脑的一定部位而控制某些性行为，或是通过促使第二性征的发育而间接影响性行为。一些研究表明，硬骨鱼类雄鱼的性行为是由性腺类固醇激素调节的。例如，精巢切除后，生殖活动明显减弱，若给被阉割的个体注射睾酮，则能恢复和维持这些鱼类的生殖活动。许多鱼类在生殖季节前或生殖季节，血浆中雄激素（T、11-KT）浓度急剧升高，它们作用于脑部的神经元。这说明鱼类和陆生脊椎动物一样，精巢产生的类固醇激素作用于脑的一定部位引起雄鱼的生殖行为。网纹花鳉是一种体内受精、卵胎生的硬骨鱼类，它的卵巢活动周期与雌鱼的性要求表现同步性；在分娩几天后，是卵巢类固醇激素合成最活跃的时期，这时雌鱼表现出高度的性要求，能接受雄鱼的交配。交配之后 3~4 周为妊娠期，此时雌鱼无性要求，待分娩后又出现一个短的交配期。已知网纹花鳉的交配要求是由卵巢 E_2 刺激引起的。注射 E_2 能使去垂体的雌鱼恢复接受交配的要求。

四、性类固醇激素对 GtH 的反馈作用

在性成熟鱼类性腺发育期间，性激素对 GtH 的分泌有负反馈作用，在产卵期间尤为明显。例如，在鳟鱼性腺开始发育早期剔除精巢，血液中的 GtH 水平增加约 2 倍；在繁殖季节剔除精巢可增加 5 倍。如果给剔除精巢的成熟鳟鱼注射 T 或 11-KT，血液中的 GtH 水平会降低。这种负反馈机制是：当血液中的性激素（雌激素或雄激素）达到一定水平就会与脑垂体和下丘脑中特异性受体相结合，使 GtH 分泌降低，从而使性激素含量相应降低并保持一定水平。如果注射或埋置抗雌激素物质，与雌激素竞争在下丘脑的特异性受体，而阻断雌激素的负反馈调节作用，就会提高血液中 GtH 和性激素的水平；并且可以诱导正常的成熟金鱼、鲇鱼、泥鳅以及被消炎痛所阻碍的鲤鱼排卵。在鱼类性腺发育期间，一般性类固醇激素对 GtH 的分泌有负反馈作用，在产卵期间尤为明显。但雌激素对 GtH 分泌的反馈性作用的性质可随性腺发育的不同阶段有所不同。在性未成熟和性腺正在发育走向成熟的鱼类，雌激素对 GtH 分泌有正的反馈作用；可能是在下丘脑-脑垂体轴上起作用，刺激性未成熟硬骨鱼类的 GtH 合成；而这可能就是启动性腺发育或成熟作用机理的一部分。在卵母细胞成熟（Ⅳ期末）到排卵、产卵期雌激素对腺垂体 GtH 的分泌有负反馈作用，但此时雌激素含量已很低，因此这种负反馈作用对卵的最后成熟和排卵活动影响不大（图 5-20）。

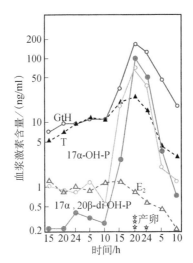

图 5-20　鲤鱼产卵前后血液中 GtH 和性激素含量的变化（引自 Aida，1988）

☆ 表示温度由 15℃升高到 20℃；T 表示睾酮；E_2 表示雌二酮；17α-OH-P 表示 17α-羟孕酮；17α，
20β-diOH-P 表示 17α，20β-双羟孕酮

第四节　鱼类的性别调控

鱼类的性别系统比较复杂。近年，具有遗传性别控制的鱼类受到了广泛关注。已知的鱼类有 30 000 多种，但目前已进行细胞核型和遗传分析的鱼类仅有 2000 种左右。有 200 多种鱼类在染色体水平具有明显性染色体，其中 XX/XY 和 ZZ/ZW 系统分别占 67%和 33%。在具有明显性染色体的 200 多种鱼类中，还有 10%左右的鱼类具有多个性染色体。

一、鱼类性别决定与分化的主要生物学过程

鱼类的性腺发育过程丰富多样。大多数硬骨鱼类雌雄异体，从出生开始独立发育为雄性或者雌性，并且终身维持这种性别，如四大家鱼、鲤鱼、鲫鱼和罗非鱼等。但也有部分硬骨鱼类雌雄同体，如雌性先熟的黄鳝、石斑鱼和剑尾鱼等，以及雄性先熟的金鲷、平鲷和黄鳍鲷等。对于雌雄异体鱼类，性别决定之后不再改变，性腺分化为精巢或者卵巢；而雌雄同体鱼类，性腺先发育为一种性别，在适宜条件下分化为另外一种性别。不同生殖策略的鱼类性别决定与分化机制有很大差异，即使是相同生殖策略的鱼类也存在种间差异。

（一）原始生殖细胞的起源

原始生殖细胞（PGC）的起源有两种学说，即"先成论"和"后成论"，果蝇（*Drosophila melanogaster*）、秀丽隐杆线虫（*Caenorhabditis elegans*）、斑马鱼和两栖类的研究结果支持"先

成论"。"先成论"认为 PGC 早期与体细胞的分离是由特异的胞质决定子决定的，这些决定子在胚胎期被分配到 PGC 前体细胞，这些细胞未来将发育形成 PGC。而小鼠（*Mus musculus*）和鸡（*Gallus gallus*）的研究结果支持 "后成论"。"后成论"认为早期胚胎中并没有发现特异的胞质决定子，PGC 由其他细胞诱导形成。不论 PGC 如何产生，它们都会经过"长途跋涉"迁移到生殖嵴，并与周围体细胞互作，形成原始未分化性腺，继而发育为成熟性腺。

（二）性别决定

未分化原始性腺在遗传因子和环境因子共同作用下，决定性腺最终发育为卵巢或精巢。性腺分别开启一系列雌雄特异的分子级联，性腺形态逐渐发育完善，直至形成性成熟卵巢或精巢。

性别决定与分化的分子级联在哺乳动物中研究得最为透彻。对高等脊椎动物而言，性别主要受遗传因素影响。人和其他哺乳动物的性别主要由遗传基因决定，Y 染色体上的性别决定片段（sex-determining region on Y chromosome，*Sry*）基因是人和小鼠等雄性性别决定的总开关基因。在 XY 小鼠，*Sry* 表达于胚胎期 10.5d 的未分化性腺，它开启了下游 *Sox-9* 和 *Amh* 等基因的表达。其中 Amh 诱导米勒管的退化，使雌性生殖器官的形成受阻，代之以中肾管发育，形成雄性生殖器官，小鼠性腺分化为精巢。反之，在 XX 小鼠，早期性腺无 Amh 诱导米勒管退化，米勒管发育为子宫、输卵管和阴道等雌性生殖器官。

值得一提的是，在哺乳类克隆了 *Sry/Sry* 之后，长期以来哺乳动物两性发育过程中雌性的发育被认为是一个被动的过程。然而，在人、小鼠和山羊发现的多种遗传突变所引起的 XX 个体，在无 *Sry* 基因的情况下发生了雄性化，表明这些基因对于卵巢分化具有重要作用。因此，哺乳动物性别决定与分化是雌雄性别决定与分化信号通路基因相互拮抗的结果，目前已发现大量雌雄性别决定与分化的相关基因，如 *foxl2*（forkhead box L2）、*wnt4*、*R-sponding* 和 *figα* 等。

鱼类种类繁多，但除少数软骨鱼类，如板鳃类具有米勒管，大多数鱼类输卵管的来源和结构与高等脊椎动物不同。虽然大多数鱼类无米勒管，也无哺乳类特有的雄性性别决定基因 *Sry*，但是鱼类具 *Sry* 同源基因 *Sox-3*，并具有包括 *amh* 和其特异的 Ⅱ 型受体 *amhr2* 等在内的雄性性别决定与分化的关键基因。同样，鱼类也具有哺乳动物雌雄通路关键因子的同源基因，如 *foxl2*、*wnt4* 和 *figα* 等。因此，鱼类性别决定与分化的相关基因进化上具有保守性。

鱼类性别决定时间点也比较保守，一般性别决定发生在个体发育的早期，如日本青鳉（*Oryzias latipes*）的性别决定时间为受精后 6d，雄性性别决定基因 *dmy* 差异表达，下游雄性性别分化关键基因 *gsdf*（gonadal soma-derived factor）也出现差异表达；通过雌雄性腺转录组测序分析，已发现大量差异表达基因，表明尼罗罗非鱼性别决定时间早于 5dah。

（三）性别分化

性别决定基因在性腺表达之后，下游通路被激活，性别分化相关基因表达，继而出现明显的组织细胞学差异，性腺开始分化，如尼罗罗非鱼孵化后 30d 卵巢具有明显的卵母细胞，而精巢只有精原细胞，在孵化后 70d 左右，精巢出现精母细胞。而有些鱼类性腺分化时间很晚，如西伯利亚鲟鱼（*Acipenser baerii*），性腺分化需要 2～3 年。在斑马鱼受精后 2.5～4 周，性腺发育为一个卵巢结构，具有大量卵原细胞和卵母细胞，之后性腺继续发育为功能性卵巢或逆转为精巢，逆转为精巢的性腺中卵母细胞大量凋亡而减少。在雌雄同体的种类如黄鳝、黑鲷和斜带石斑鱼等，性腺首先分化为一种卵巢或精巢，一定时间后，通常一至数年，性腺会逆转为另一性别，因此这些鱼类会经历两次性别分化。

二、性别决定与分化的遗传学基础

（一）性别决定基因和性染色体

1. 性别决定基因和性染色体的起源和进化

对于哺乳类和鸟类等性染色体高度分化的类群，人们提出了性染色进化起源的一般模型（图 5-21）。性染色体起源于常染色体，首先在常染色体上进化出一个性别决定基因，在性别决定基因附近进一步进化出性别偏好基因，且这样的基因会不断累积，导致重组抑制。性别决定区间的重复序列也累加，进一步导致性染色体重组抑制，形成性别连锁分化区域，最后性染色体明显分化。

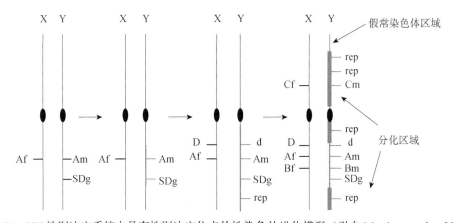

图 5-21　XY 性别决定系统中具有性别决定位点的性染色体进化模型（引自 Martínez et al.，2014）

这个进化模型在很多物种得到验证，不同物种的性染色体分化程度不一样，特别是在鱼类，有高有低。一对新的性染色体起源于一个新的性别决定基因。SDg. 性别决定基因；Af/Bf. 对雌性有利的性别对抗基因；Am/Bm. 对雄性有利的性别对抗基因；rep. 重复序列；d. 性染色体上连锁、退化的无功能隐性基因。灰色，性染色体分化的区域；黑色，假常染色体区域

与哺乳类和鸟类不同，大部分鱼类性染色体分化程度较低，具有明显形态差异的只占

7%。这种原始的、较低分化程度的性染色体，使得鱼类的性别决定系统多变，转换时常发生。所以鱼类性染色体分化程度低导致其具有多种多样的性别决定方式，既具有 XY 型，也具有 ZW 型，有些种类多个系统同时存在，即具有多个性染色体。

2. 性别决定基因

性别决定指性别决定基因、环境因子或二者共同驱动性别决定与分化的分子级联，从而实现原始性腺向雌性或雄性分化。遗传性别由具有上位作用或者剂量效应的性别决定基因决定。有两种主要遗传性别决定方式：哺乳类普遍采用的是雄性异型的 XY 型，在 Y 染色体上具有上位作用的雄性性别决定基因 *Sry/Sry*；鸟类普遍采用的是雌性异型的 ZW 型，在 Z 染色体上具有剂量依赖的雄性性别决定基因 *Dmrt1*。

在人类过去的认知中，性别决定方式很保守。然而，鱼类不同种类的性别决定基因、性染色体和性别决定方式多种多样，即便在近缘种间也是如此。目前仅克隆获得 11 个鱼类性别决定基因（表 5-5）：最先在日本青鳉克隆的 *dmy* 是常染色体基因 *Dmrt1* 的复制，所以又称 *Dmrt1bY*；在虹鳟克隆的 *irf9Y* 是一个免疫相关基因；在银汉鱼克隆的性别决定基因 *amhy* 是由常染色体 *amh* 复制而形成；红鳍东方鲀（*Takifugu rubripes*）Y 染色体上 *amhr2* 的一个错义 SNP 突变，导致它成为性别决定基因；吕宋青鳉（*Oryzias luzonensis*）*gsdf^Y* 启动子序列的突变，导致在早期 XY 性腺 *gsdf^Y* 比 *gsdf^X* 更容易转录，从而成为性别决定基因；与鸟类一样，具有 ZZ/ZW 性别决定系统的半滑舌鳎，其性别决定基因是具有剂量效应的 *Dmrt1*；恒河青鳉（*Oryzias dancena*）具有与哺乳动物 *Sry* 同源的性别决定基因 *Sox-3Y*，在早期 XY 性腺的它可能直接或间接激活下游 *gsdf* 的表达从而决定了雄性性别；尼罗罗非鱼由于 Y 染色体上的 *amh* 串接复制，产生一个截断型的 *amhΔ-y* 和性别决定基因 *amhy*；一个新的 TGF-β（transforming growth factor β）家族基因 *Gdf6Y* 被定位在鳉鱼（*Nothobranchius furzeri*）的性别决定区间，但其如何决定性别机制尚不清楚；黄颡鱼（*Pelteobagrus fulvidraco*）的雄性性别决定候选基因为 *pfpdz1* 基因；金钱鱼的 *Dmrt1* 只在雄鱼存在，是其性别决定候选基因。

表 5-5　已被克隆的脊椎动物性别决定基因或候选基因

物种	性别决定基因	性别决定机制	同源基因	同源功能	参考文献
哺乳类	*Sry*	Y 染色体特异性别决定	*Sox-3*	HMG-box 转录因子	Koopman et al.，1990
鸟类	*Dmrt1*	Z 染色体剂量效应	*Dmrt1*	DM-结构域	Smith et al.，2009
非洲爪蟾	*DM-W*	W 染色体特异性别决定	*Dmrt1*	DM-结构域	Uno Y，et al. 2008
日本青鳉	*dmy*	Y 染色体特异性别决定	*Dmrt1*	DM-结构域	Matsuda et al.，2002；Nanda et al.，2002
虹鳟	*irf9Y*	Y 染色体特异性别决定	*Irf9*	干扰素调节因子	Yano et al.，2012；Bertho et al.，2018
银汉鱼	*amhy*	Y 染色体特异性别决定	*Amh*	TGF-β	Hattori et al.，2012

物种	性别决定基因	性别决定机制	同源基因	同源功能	参考文献
红鳍东方鲀	*amhr2*	Y 染色体特异性别决定	*amhr2*	TGF-β	Kamiya et al.，2012
吕宋青鳉	*gsdf*[Y]	Y 染色体特异性别决定	*gsdf*	TGF-β	Myosho et al.，2012
半滑舌鳎	*Dmrt1*	Z 染色体剂量效应	*Dmrt1*	DM-结构域	Chen et al.，2014
恒河青鳉	*Sox-3Y*	Y 染色体特异性别决定	*Sry*	HMG-box 转录因子	Takehana et al.，2014
尼罗罗非鱼	*amhy*	Y 染色体特异性别决定	*amh*	TGF-β	Li et al.，2015
鳉鱼	*Gdf6Y*	Y 染色体特异性别决定	*Gdf6*	TGF-β	Reichwald et al.，2015
黄颡鱼	*pfpdz1*	Y 染色体特异性别决定	*pfpdz1*	PDZ 结构域	Dan et al.，2018
金钱鱼	*Dmrt1*	Y 染色体特异性别决定	*Dmrt1*	DM-结构域	Mustapha et al.，2018

3. 性别决定基因的特点

虽然所有脊椎动物的性别决定基因多种多样，但可以总结出以下规律：第一，性别决定基因来自于常染色体性别决定与分化信号通路基因的突变、缺失或复制。第二，已克隆的性别决定基因都是雄性通路的基因，即使 ZZ/ZW 系统的鸟类和半滑舌鳎，其性别都是由 Z 染色体上具有剂量依赖的雄性性别通路基因 *Dmrt1* 而决定。同样具有 ZZ/ZW 系统的非洲爪蟾，其性别决定基因 *DM-W* 也是 *Dmrt1* 基因截断型突变，具有显负性作用决定雌性性别。第三，性别决定基因虽然多种多样，但除 *irf9Y* 属于免疫相关基因，其他基因都属于 *Sox*（SRY-related HMG-box）、*Dmrt*、*TGF-β* 和 *PDZ* domain 4 个基因家族。已有报道表明这些基因家族在脊椎动物性别决定与分化中发挥重要功能，提示性别决定基因主要来自一些保守的性别决定与分化信号通路基因。最近的研究表明，虹鳟的性别决定基因 *irf9Y* 通过拮抗 Foxl2 对 *cyp19a1a* 的转录激活作用，抑制 XY 个体雌激素的合成，从而决定了雄性性别。第四，这些性别决定与分化的基因都在性腺表达，直接参与性别决定与分化过程，但是否有遗传因子通过生殖轴上游影响鱼类的性别决定与分化还有待探究。

（二）性别决定与分化信号通路

性别是多基因参与控制的，性别决定与分化的过程可以分为 3 个步骤：决定、起始和维持。多个基因分别参与其中，但参与这些过程的基因并未严格区分，如有些基因可在性别分化起始阶段起作用，也可以在性别维持阶段起作用。性别决定的分子级联具有上游可变、下游保守的特点，即"masters change，slaves remain"。下游信号通路级联分子可以通过基因突变和复制等方式获得新的功能，成为决定性别的主效基因。正因为这些特点，性别决定的分子级联中某些基因发生突变，可以导致性别不受原来的基因控制。哺乳动物性别决定与分化的分子级联研究比较透彻，近年来鱼类的研究结果也大致与哺乳动物一致（图 5-22）。

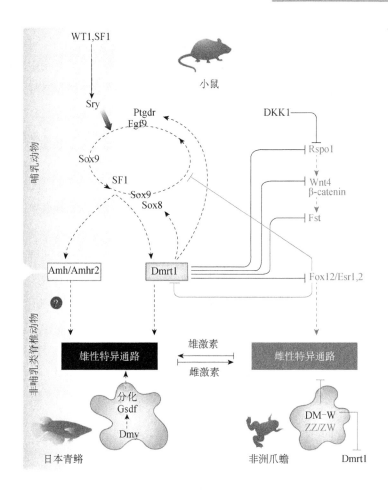

图 5-22　脊椎动物性别决定信号通路（引自 Herpin and Schartl，2015）

（三）多基因性别决定

与大多数哺乳类和鸟类都具有主效性别决定基因不同，鱼类的性别决定基因具有很大的变异性，很多鱼类性别决定都不是由单基因决定的。很多鱼类，同一种不同品系具有不同的性别决定基因，或者同一个品系具有复杂的性别决定方式，受多基因控制。例如，斑马鱼，目前尚未克隆其性别决定基因，不确定其是 XY 型还是 ZW 型，现有研究显示其性别是由基因组中多个区域共同决定，LG5 和 LG9 都与性别有不同程度的连锁相，在这些性别连锁的区域里具有一些在其他物种报道的性别决定与分化相关基因。在 Malawi 湖的 19 种丽鱼，有些种是 XY 系统，由 LG5 上雄性位点决定性别；而有些种是 ZW 系统，由 LG7 上雌性位点决定性别；还有些种既具有 LG5 上雌性性别决定位点，也具有 LG7 上雄性性别决定位点。丽鱼科鱼类这种同一种具有不同性别决定系统的原因，可能是种间杂交的结果，也可能是原始种群就具有多态性。性染色体重新形成也会影响性别决定系统的多样性。三刺棘鱼（*Gasterosteus aculeatus*）具有 XY 系统，在 LG19 上具有雄性性别决定位点，九刺棘鱼（*Culaea inconstans*）具有 XY 系统，在 LG12 上具有雄性性别决定位点，黑斑棘鱼（*G. weathlandi*）

雄鱼的Y染色体是由前面两个种的两个Y染色体LG19和LG12合并而来,所以它具有X_1X_2Y系统。同一种具有多基因性别决定系统的例子还见于欧洲海鲈。多基因性别决定系统的基因很难被定位,研究起来比较困难。建立纯品系,减少性别决定位点的多态性,可能会有助于克隆多基因性别决定系统的性别决定基因。

在鱼类,性别决定基因可以很容易改变,自然条件下某些基因突变或复制可成为决定性别的主效基因,人工诱导突变可以加速产生性别决定基因的变化。例如,在日本青鳉和洄河青鳉中分别突变它们的性别决定基因 *dmy* 和 *Sox-3Y*,使之失去性别决定的功能,都能够实现性别由雄向雌的逆转。常染色体基因突变也会影响性别决定,如在青鳉中突变常染色体上雄性性别通路关键基因 *amhr2*、*gsdf* 和 *Dmrt1* 等,能实现性别由雄向雌的逆转;在尼罗罗非鱼,敲除 *amhr2* 和 *foxl2* 会导致性别逆转;即便在哺乳类,突变 *Amhr2* 同样也会导致 XY 小鼠出现性别逆转。山羊 XX 个体中的常染色体雌性性控基因 *foxl2$^{-/-}$* 纯合突变,能导致其由雌向雄的逆转。从上述实例可以看出,性别决定与分化的信号通路基因在进化上具有保守性,同样的基因在不同的物种突变具有相似的表型。正因为如此,自然界条件下这些基因的突变可以影响鱼类性别决定,导致多基因性别决定。目前相对于哺乳类,鱼类性别调控的基因网络还不完善,需要进一步研究上下游基因之间的关系,发现未知基因并进行其功能鉴定。

(四)环境性别决定

1. 温度对鱼类性别决定的影响

鱼类是变温动物,生存和繁殖都离不开水,所以它受到水环境的影响很大,如温度、盐度、酸碱度和环境内分泌干扰物质等因素都能影响鱼类的性别决定。环境因子对于性别决定与分化的影响,通过对基因表达调控来实现。

温度对鱼类性别的影响可归纳为3种不同的反应模式:在一定的温度范围内,①温度增加提高雄鱼比例;②温度增加提高雌鱼比例;③中间温度产生平衡性比,低温或高温均提高雄鱼比例。温度影响性比一般局限于个体发育的早期阶段,一般限定在胚胎、仔稚鱼期的几天或几周之内,大致与形态学上的性腺分化期和激素诱导有效期相同,但 TSD 的敏感期也可能短于性腺组织学上的分化期。在尼罗罗非鱼中,利用不同温度来处理刚孵出的仔鱼时,发现在 36℃时所产生的雄性个体比例较高,而且还发现其性别分化受温度影响的时期为孵化后 13d 之前。另外,温度处理所需要的时间至少为 10d。为进一步确认温度对尼罗罗非鱼性别决定的影响,将经雄激素诱导性逆转所产生的 XX 型雄鱼与雌鱼交配,以获得全雌鱼苗,通过高温处理后,发现所得雄鱼的平均比例为 55%,远高于对照组的平均比例(11%),再次证明温度确实能控制尼罗罗非鱼性别。在 36℃左右,胚胎期一些雄性通路关键基因如 *amh* 和 *Sox-9* 表达升高,而雌性通路关键基因 *foxl2* 和 *cyp19a1a* 表达降低,雄性通路基因高表达是高温孵化可以提高雄性率的原因。研究发现有些罗非鱼家系对温度更加敏感,充分说明温度对性别决定与分化的影响具有分子遗传基础。

2. 其他环境因子对鱼类性别的影响

与温度相比，其他环境因子影响性别的研究较少，但其中 pH 对性别影响的研究相对较多。慈鲷科的 *Pelvicachromis pulcher*、*P. taeniatus*、*Apistogramma borelli*、*A. caucatoides* 以及胎鳉科的 *Xiphophorus helleri* 的性别决定均受到 pH 的影响。通常，pH 越低，产生雄鱼的比例越高；当 pH 趋于中性时，产生雌鱼的比例开始升高。pH 对鱼类性别决定的影响还有待于进一步研究和探索。

环境内分泌干扰物质和类固醇激素可以影响鱼类性别决定与分化。南方大口鲇（*Silurus meridionalis*）在人工繁殖条件下，投喂人工饲料可以获得 1∶1 的性比，但投喂生活在受环境内分泌干扰物质双酚 A 等污染的水域中的水蚯蚓（*Limnodilus* spp.）后，个体则全部发育为雌性。环境内分泌干扰物质通过与生物体内激素受体相结合，激活相应的性别通路分子级联，对性别产生影响。实验室条件下，通过激素处理未分化的性腺可以实现鱼类人工性别逆转，在生产上有一定应用。应用激素诱导鱼类性转化的研究目前至少在 15 科 47 种鱼类中开展，对雌雄同体和雌雄异体鱼类（9 科 34 种）采用外源激素诱导鱼类发生性转化已经得到验证。所使用的 31 种激素中，11 种雄激素、12 种雌激素为人工合成，只有 5 种雄激素、3 种雌激素为自然激素，其中以 17α-甲基睾酮（17α-MT）和 17β-雌二醇（17β-E_2）诱导效果最好。如生产全雄罗非鱼主要采用甲基睾酮处理，但由此带来的食品安全问题和环境污染问题需引起高度重视。最近，在青鳉和尼罗罗非鱼中，采用雌激素抑制剂长时间处理已分化的卵巢，仍可引起性逆转，说明鱼类的性别具有很强的可塑性。

三、鱼类性别的可塑性和性别控制

雌雄同体鱼类同时具有雌雄性腺，但并不同时成熟，不同的年龄表现为不同的性别，即在生活史中性别有一个转换过程，这种现象称为性转换，也有人称为"性逆转"、"性位移"或"性邻接"。性转换也可以人为促使其发生。在生产实践中，人们常常希望获得最大效益，对不同的鱼类、在不同情况下有不同的要求。有些鱼类雄鱼有较好的收益，有些鱼类则雌鱼收益较好。因此，就需要根据要求对鱼类的性别进行控制，促使其按照人们需要的性别转换。鱼类的性别决定机制不是很稳定，还有多种因素会影响鱼类性别。生活史上没有性转换的鱼类，其性比率常因环境不同而变动，即很可能是因环境不同而引起的，如受精时间、水温、饵料的供应以及水体大小等，都可能影响雌雄性之比例。目前，人工方法控制性别已应用于大规模生产食用鱼类中，如罗非鱼类、鲑鳟鱼类等雌雄异体鱼类。相对来说，雌雄同体鱼类的工作做得较少。

总体而言，调控鱼类性别的目的主要有以下几种：①减少养殖鱼类怀卵的雌鱼数目或者增加某种雌鱼的怀卵量（如用于生产鱼子酱的鱼类）；②增加具有性别生长二态的鱼类中生长速度快的性别的个体（如鲑科鱼类、鲤科鱼类的雌体）；③提高观赏鱼类的观赏价值（如丽科鱼类的雄鱼）；④提高鱼肉肉质；⑤防止鱼类的两性交配（诱导鱼类不育或养殖全雌或全雄鱼），等等。

鱼类不育的益处在于性腺不发育，则用于性腺发育的那部分能量用于增加体重，较短时间内就可获得大规格鱼类上市；没有了繁殖季节，鱼类全年都可较快速生长；鱼肉质量也较好；在海洋鱼牧业中，还可防止生物污染。

单性养殖是在池中放养单一性别的鱼类，其目的是以较经济的方法生产质量优良或产量高的鱼类产品，或质量和产量兼优。在鱼类养殖中，常希望投喂的饵料能被充分利用，以较少的饵料，最大限度地生产出优质鱼肉。某些鱼类由于雌性和雄性在生理代谢上可能存在差异，因此雌鱼和雄鱼的生长速度差异较大，养殖生长较快的那一种性别的鱼类更有利、收益更大，如单雄罗非鱼的养殖。

罗非鱼是雌雄异体鱼类，在热带其繁殖周期很短，一年可繁殖几次到十几次。过量的繁殖造成养殖池中鱼类密度过大，导致鱼类生长不良，质量低下。为避免这种过度繁殖，养殖上要求养殖单一性别的鱼种。由于罗非鱼雄性生长较快，一般来说养殖雄鱼更有利。罗非鱼雌鱼生长较慢的原因主要是：摄入的营养需大量供给卵巢发育；雌鱼在口含卵孵化期间停止进食；仔鱼孵出后雌鱼看护幼鱼期间很少进食；繁殖频繁，供应到生长上的营养就越少，等等。

鲑在性成熟过程中，饵料的转换率会下降，肉质变差，并且容易受细菌和霉菌的侵害。在生殖腺成熟后期，皮肤和肌肉色素起变化也会降低市场的销售价格。上市的虹鳟鱼一般都是 2 龄以下，此时已达到上市规格。而虹鳟雌鱼卵巢发育成熟很少少于 3 年，2 龄以前就开始出售，因此不存在皮肤和肌肉发生变化的问题，而雄鱼则只需 2 年性腺就成熟，所以出现质量下降的是雄鱼，因而有必要进行雌化诱导，以提高产品的质量。

人工繁殖育苗是解决自然苗种不足的根本途径，而人工繁殖首先要解决亲鱼来源问题，某些种类亲鱼来源困难，成为人工繁殖的一个障碍。海产鱼类石斑鱼，为了获得其雄性亲鱼，可采取诱导低龄鱼提前发生性转换的方法，以获得低龄成熟雄鱼。黑鲷在人工养殖条件下，2 龄一般表现为雄鱼，3 龄才有少数性逆转为雌鱼，要获得更多的雌鱼就需要饲养更长时间。为使黑鲷提前性逆转为雌鱼，尽早产卵，达到生产苗种的目的，也可进行人工诱导使之提前发生性转换。

除此以外，还有为其他目的而进行人工诱导性转。多种热带观赏鱼类，雄鱼色彩艳丽，可采取诱导雄性化的方法获得更多雄鱼。有些鱼类的卵巢市场销售较好，价格也较高，如鲻鱼卵巢，也可采取人工诱导雌性化的方法获得更多雌鱼。

四、性别控制的主要方法

性别决定与性别分化被称为发育生物学皇冠上的明珠，也是生物学家长期关注的重要研究课题，对模式生物和人类的相关研究十分深入。了解鱼类的性腺发育过程，解析鱼类性别决定与分化机制，可以为性别控制育种、育性控制育种等培育优良养殖鱼类新品种奠定理论基础。下面就鱼类性别控制的主要方法进行简要介绍。

（一）人工挑选

有些鱼类性别可以根据其某些外部特征来区别，如鳉鱼雄鱼有交接器，鳑鲏鱼雌鱼有产卵管；有些鱼可以根据色泽来区别，如许多热带鱼类，雄鱼有较艳丽的色彩，有些鱼类雄鱼在生殖季节出现追星、婚姻色等。对许多有养殖价值的食用鱼类，单从外形上区别雌雄很困难，甚至不可能，特别是在幼鱼阶段。因此，能用人工挑选方法区别雌雄的鱼类种类很少。在一些商业性食用鱼类的养殖中，只有罗非鱼可采用人工挑选方法，且并不普遍，其主要缺点是费工费力，且难免有差错，并且弃掉雌鱼是一种浪费。

（二）种间杂交

1960 年，Hickling 首次报道罗非鱼全部雄鱼杂种子代的研究。他使用 XX♀—XY♂类型的雌性莫桑比克罗非鱼（*Sarotherodon mossambicus*）和 WZ♀—ZZ♂类型的雄性霍诺鲁姆罗非鱼（*Sarotherodon hornorum*）杂交，获得了全部可育的杂种雄鱼。由于 Z 染色体上的雄性决定基因比 X 染色体上的雌性决定基因强，因而子代 XZ 为雄性。在美国、以色列、日本和美国等国，一般以尼罗罗非鱼（♀）和蓝罗非鱼（♂）作为杂交亲本进行纯系培育和杂交生产全雄鱼，供应商业性生产上的苗种需要。

但全雄杂种鱼苗生产存在很多问题，如足够数量纯系亲鱼的保存困难很大，异种鱼类不相容或者不亲和、亲鱼性比、密度等导致的杂种鱼苗数量少等，限制了杂交育种的开展。但总体而言，在几种取得单性鱼类的方法中，杂交产生单性鱼效果较好。

（三）雌核发育

雌核发育（gynogenesis）是卵受到精子的激活而开始卵裂发育成胚胎，但在发育过程中，精子的遗传物质并不参加，因而孵出的后代全为雌鱼。在自然界中，少数硬骨鱼类有这种生殖方式，如盛产于美洲的美帆鳉（*Mollienesia formosa*）。美帆鳉与楔帆鳉（*M. Sphenops*）、宽帆鳉（*M. latipinna*）等其他同一属雄鱼交配时，所产的仔鱼全是和母本相同的雌鱼。

自然界银鲫雌鱼数量远远多于雄鱼，这也是雌核发育的结果。也有少数鱼类个别卵无须精子存在，只需外界环境因素的刺激就能发育孵化，这是一种孤雌生殖现象。人工诱导雌核发育也可用理化方法处理同种类的精子来达到目的。较常用的方法是使用紫外线或 X 射线照射精子，破坏精子的染色体。卵在第二次减数分裂后，只有一组染色体保留下来，成为单倍体。单倍体很难成活，必须使单倍体恢复成二倍体。

上述人工诱导雌核发育，主要要掌握两个方面：首先是处理精子的辐射剂量，应使精子遗传物质失活，但仍具有进入卵、激活卵分裂发育的能力；其次是使单倍体加倍成二倍体。有极少数单倍体胚胎无须人工处理就能保留卵子的两组染色体，但这种自然保留二倍体的出现率很低。生产上要大量生产雌核发育的单性鱼进行养殖还存在很大问题。结合性激素诱导性转换，然后返交，可生产大量的单性鱼，是解决办法之一。

（四）雄核发育

人工诱导雄核发育（androgenesis）的过程和雌核发育大体相似，但需处理卵。卵经处理后，失去了遗传物质的活性，然后和正常的精子"结合"成"受精卵"。这种受精卵只含精子的染色体，发育孵化出的仔鱼性别根据父本基因型确定（父本为 ZZ，后代全雄；父本为 XY，后代一半雌一半雄）。比起雌核发育，雄核发育的出现率更低，研究工作做得也较少。雄核发育也可通过杂交获得，如雌性鲤鱼和雄性草鱼杂交可获得雄核发育的草鱼。

（五）性激素人工诱导性逆转

鱼类的性别由受精时染色体的组合而决定，但在早期阶段，这种性别决定机制并不很稳定，在性腺处于将分化而未分化时容易受环境因素，如激素的影响。如雌性鱼经雄性激素处理会成为表现型雄鱼（遗传型雌鱼），称为"伪雄鱼"或"假雄鱼"，其能产生成熟精子，但其遗传基因仍为 XX 型。与此相反，用雌性激素处理雄鱼，则产生表现型雌鱼（遗传型雄鱼，染色体为 XY），称为"伪雌鱼"或"假雌鱼"。

1. 诱导方法

（1）口服法

许多鱼类都可以通过在饲料中掺入各种性激素后投喂促使鱼类发生性转换。但不同种类的鱼类对激素种类、激素剂量以及处理时间长短反应不同；而同一种鱼类，不同年龄和发育阶段投喂，性逆转的效果也存在差异，甚至个体间效果也有差异。通常，在鱼类性腺将分化而未分化前处理最为理想。性分化是指第一性征生殖腺的分化。生殖腺分化的结果，可能产生第二性征（或称副性征），从外观以及行为上表现出性的差别。

有些卵胎生鱼类，仔鱼出生后性分化已经固定，仔鱼产出后投喂性激素效果不佳，但在仔鱼产出前以拌和激素的饲料投喂母鱼，可影响未产出仔鱼发生性转换，如花鳉在仔鱼产出前 8～10d，以每克饵料含 400μg 的甲基睾酮投喂母鱼，仔鱼产出时全是雄鱼。

药饵投喂法最大的优点就是简便，但只适合于已经开口摄食的鱼，容易由于摄食不均而导致效果不一，另外，由于药物经过鱼类的胃肠道而大部分被降解，效果可能较差。

采用性激素诱导性转换，结合返交可产生大量的单性鱼。雌核发育结合性激素人工诱导性转换的技术还可以获得超级雄鱼（YY，supermale）。超级雄鱼和正常雌鱼交配，可获得全雄鱼。科研人员正在试验使用激素诱导超级雄鱼（YY）转换为雌鱼（YY）。这种具有 YY 染色体的"伪雌鱼"和超级雄鱼（YY）返交，可能继续生产超级雄鱼。

但 XX 伪雌鱼和 YY 超雄鱼的遗传性别需要测交验证，费时费力。通过开发性别连锁的分子标记，建立分子标记辅助选育技术（marker assistant selection，MAS），结合激素处理诱导性逆转，可以快速鉴定鱼类遗传性别，大大加速鱼类性别控制，目前已经在尼罗罗非鱼和黄颡鱼等鱼类中建立了该技术（图 5-23）。

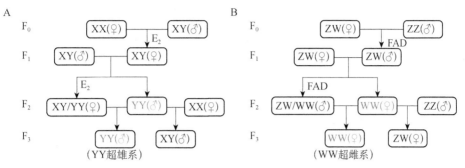

图 5-23　基于 MAS 技术在 XY 系统培育全雄鱼（A）及在 ZW 系统培育全雌鱼（B）

（2）浸浴法

在养殖苗种的水体中投放性激素，使鱼苗在含激素的水体中生活一段时间，可使鱼苗性腺向某一方向发育，是满足尽早施药的最佳办法。处理受精卵时，对卵黄较大的鲑鳟鱼类，这种方法尤佳。一般激素不溶于水，需溶于乙醇，浓度约 0.01%。更好的溶剂是二甲基亚砜，浓度为 2.5mg/L。但采用这种方法时，一定要注意对环境的影响。这种方法通常用于小鱼苗，尚无用于成鱼的报道。

（3）注射法

即通过注射激素方式诱导性逆转，如注射天然睾酮产生雄鱼，但可能同一条鱼需要几次注射，容易造成鱼体损伤。此法通常只适用于较大的鱼，而且处理数量较少。

（4）埋植法

目前人工催熟催产出现一种长效注射法，即将含有激素的胶囊植入鱼体内，使激素缓慢释放，一般情况下，处理一次就可使鱼成功性逆转。对于人工诱导性转换，为取得少量适宜用于繁殖的亲鱼，这种方法同样可行。例如，2 龄雌性赤点石斑鱼，用 17α-甲基睾酮（17α-MT）以 10mg/kg 剂量埋植 4 周即可诱导赤点石斑鱼发生性逆转。与药饵投喂法比较，可避免因处理鱼摄药不均而致效果不均的弊病，对环境污染小，具有省工、省时等优点，但手术比较麻烦，而且对鱼体的伤害较大。这种方法的应用有一定的限制性，一般只用于诱导雌雄同体鱼类第一种性别成熟后的个体的性逆转。

2. 影响激素诱导鱼类性转化效果的因素

（1）处理时刻

一般而言，对于雌雄异体鱼类，施药需在鱼类性别开始分化之前进行，特别是在鱼类性别分化的不稳定期（labile period）。对于雌雄同体鱼类，有两个较佳的施药期，一个是在性腺还未分化之前进行；另一个是在第一次性腺成熟后的高龄鱼中进行。

（2）鱼类本身

目前，生产全雌或者基本全雌群体的方法已在至少 35 种不同鱼类中进行，包括鳗鲡、鲤科鱼类、丽科鱼类、丝足鱼类、比目鱼和鲑鳟鱼类等。在这些鱼类中，诱导鲑鳟鱼类性逆转最容易。例如，将激素剂量和激素作用时间当成一个复合值，且鲑鳟鱼类的为 1，则其他科鱼类的参数值分别为：丽科鱼类 4；鳗科 5；斗鱼科和虹鳟 8；鲤科 25。因此，如果使用相同的雌激素，鲤科鱼类雌性化要求的处理时间和处理剂量的复合值将显著高于鲑鳟鱼类。

（3）激素剂量与处理时间

研究表明，其他条件相同时，激素剂量（steroid dose）与持续处理时间（treatment duration）呈负相关性，即鱼类平均每天摄入的激素重量与持续施药的天数的乘积基本相同，也就是说诱导同一种鱼类性别转换所需的激素总量相同。但是，施用的药物浓度应在最小阈值之上，不影响鱼类正常生长的最大浓度之下。

（4）激素性质

由于不同鱼类对同种药物的敏感性并不相同，因此激素种类的选择也应综合考虑。如前所述，不同种药物的强度不同，因此，选择鱼类敏感的药物对诱导性别转化的效果至关重要；除考虑效果外，还应考虑选择天然的鱼类性激素，以便于药物残留物的消除。有些类固醇激素诱导鱼类性逆转的效果虽然好，但如果对人类造成不良影响，则应该用其他代替药物，即使需要更大的剂量和更长的处理时间，如不应使用国家明令禁止的可致癌的己烯雌酚（DES）。

（5）给药途径

分药饵投喂法、浸泡法、注射法和埋植法，各种方法各有优缺点，不同的方法对激素诱导鱼类性转化效果不同，应根据具体情况选择使用。

3. 对新种进行性别控制的推荐方法

对以前从未施药处理过的新种，应注意以下几个方面：确定鱼类的性别分化不稳定期；选择鱼类敏感度大的类固醇种类，减少药物使用量；通过调整处理时刻减少使用剂量和持续处理时间，减少死亡率、畸形率；选择在鱼体内残留量少且残留时间短的药物种类。选择诱导鱼类性逆转的最佳方法，应该以"最小干扰"为原则，即选择合适的类固醇种类和剂量，保证转化率的同时不影响鱼的正常生长，在性腺分化不稳定期尽可能短的时间内促使鱼类有效性转化。

第六章 甲壳类生殖活动的内分泌调控

甲壳动物的生殖活动需要神经肽、蜕皮激素和甲基法尼酯（methyl farnesoate，MF）等因子的调控，神经肽的主要来源是位于甲壳动物眼柄神经节的 X-器官-窦腺（XO-SG）复合体。其他的肽类调节因子都由脑和胸神经节（thoracic ganglia，TG）产生。类固醇蜕皮激素和倍半萜 MF 等非肽类化合物分别由 Y-器官和下颚器官产生。

第一节　神经肽对甲壳类生殖活动的影响

一、概述

甲壳动物神经肽是具有分泌功能的神经细胞体、心侧体、咽侧体等神经内分泌器官所分泌的小分子多肽，可直接或通过血液循环间接作用于靶器官，对甲壳动物的蜕皮、性腺发育、血糖浓度调节、内脏肌肉的收缩，以及色素分布、渗透压调节等生理功能起着重要的作用。甲壳动物的神经内分泌系统包括 X-器官-窦腺复合体、围心腺（pericardial gland，PG）、促雄性腺（AG）和大颚器（MO）等。

甲壳动物眼柄上的两种内分泌组织，一种命名为 X-器官（XO），另一种因其位于血窦旁被描述成神经血窦器的窦腺（SG），由于这两种结构由大量的纤维束相连，并同位于眼柄，所以称为 X-器官-窦腺复合体。它类似于哺乳动物的下丘脑垂体系统，是甲壳动物主要的神经内分泌系统。目前，在虾蟹类多个物种中，均已开展了生殖激素对其生殖调控的研究，表明神经内分泌器官产生的神经肽在控制甲壳动物性腺成熟过程中起着重要的作用。甲壳动物高血糖激素（CHH）家族神经激素是甲壳动物特有的多肽激素，它们主要由眼柄的 XO-SG 复合体合成，包括：高血糖激素（crustacean hyperglycemic hormone，CHH）、蜕皮抑制激素（molt-inhibiting hormone，MIH）、性腺抑制激素（gonad-inhibiting hormone，GIH）、卵黄生成抑制激素（vitellogenesis-inhibiting hormone，VIH）和大颚器抑制激素（mandibular organ-inhibiting hormone，MOIH）。这一组神经肽的一级结构与 CHH 有许多相同之处，因此被称作 CHH 家族神经激素。这类激素又可以分为两个亚族，分别为 CHH 亚族和 MIH/GIH/VIH/MOIH 亚族。这两个亚族虽然在一级结构上具有高度相似性，但是对比其 cDNA 序列发现，CHH 亚族在信号肽与神经激素之间多了一个 CHH 前体相关肽（CPRP），而 MIH/GIH/VIH/MOIH 亚族则没有，信号肽直接与成熟肽相连。目前，已经从多种甲壳动物中获得 CHH 家族成员，甚至在一些低等甲壳动物中也有发现，如水蚤（*Daphnia pulex*）等。CHH 家族神经肽虽然由甲壳动物眼柄分泌，但在其他组织器官中也同样存在，协同调控甲壳动物各种复杂的生理过程。长期以来，由于实验手段的局限性，神经内分泌和内分泌的调控功能被理解得过于简单化。过去人们一直认为参与雌性甲壳动物卵巢发育调控的只有两个相互拮抗的神经激素：性腺抑制激素（GIH）和促性腺激素（GSH），但是现在人们普遍认为，甲壳动物的生殖调控是在多激素的基础上进行的，它们直接或间接地影响性腺发育、性别分化和交配行为。

二、VIH 在雌性甲壳动物生殖中的作用

VIH 可抑制虾蟹类卵巢发育。在锯齿长臂虾（*Palaemon serratus*）中去除眼柄会引起卵黄物质提前积累和卵巢体积快速增加。墨吉明对虾（*Fenneropenaeus merguiensis*）和斑节对虾（*Penaeus monodon*）切除双侧眼柄后，观察到产卵现象的发生。东方对虾（*Penaeus orientalis*）和斑节对虾单一眼柄切除后，卵巢发育速度和个体存活率均达到最大值。此外，在沼虾属 *Macrobrachium dayanum*、斑节对虾和中国对虾去除眼柄的研究中也得到类似结果，这是由于去除眼柄解除了 GIH/VIH 对性腺发育的抑制。

VIH 抑制次级卵黄发生的生理途径需要进一步的实验验证，其可能性如下：①VIH 可能通过抑制卵黄蛋白原（vitellogenin，Vg）的吸收或卵黄蛋白的合成直接作用于卵母细胞，可通过体外培养含有 Vg 或卵黄蛋白的卵母细胞，以及纯化不同浓度的 VIH 来进行研究。②在生长发育不同阶段测定血淋巴中 GIH/VIH 的浓度和 mRNA 的表达水平。与窦腺（SG）中的 MIH 和 Y-器官一样，GIH/VIH 可能会抑制 TG 或大脑中央神经系统及大颚器中 GSH 释放。③VIH 可以与 Vg 结合以防止其与受体结合，也可以与受体结合以阻断 Vg 的结合位点。

截至目前，在欧洲龙虾（*Homarus gammarus*）、挪威龙虾（*Nephrops norvegicus*）、美洲螯龙虾（*Homarus americanus*）、罗氏沼虾（*Macrobrachium rosenbergii*）、热液口虾（*Rimicaris kairei*）、卷甲虫（*Armadillidium vulgare*）等甲壳动物中，均发现有 VIH 的存

在。从少数甲壳动物种类雌性个体中分离出来的 VIH 序列，包含有 20～31 个氨基酸残基的信号肽和 77～83 个氨基酸残基的成熟肽，与 MIH 具有较高的序列相似性，在相同位置都有 6 个半胱氨酸残基形成的 3 个二硫键，这些主要的化学作用有利于维持 VIH 三级结构的稳定性。VIH 多肽序列可能在物种中具有较高的保守性。与 CHH 不同的是，VIH 具有开放的 N 端和酰胺化的 C 端，且 C 端具有分布不匀的氨基酸残基数。

三、GIH 在雄性甲壳动物生殖中的作用

甲壳动物的眼柄被认为对精巢具有调控功能（图 6-1、图 6-2）。GIH 在眼柄 X-器官-窦腺复合体中形成，直接作用于促雄性腺，间接作用于精巢。摘除非繁殖期雄性个体的眼柄可诱导精子早熟、促雄性腺肥大。切除雄性凡纳滨对虾眼柄后，可增大睾丸体积、增加睾丸指数、精囊的重量和精子总数，使交配成功率加倍，但对精子的活力不会造成影响。雄性青蟹（*Carcinus maenas*）在切除眼柄后，睾丸指数比眼柄完整的青蟹高了 2 倍多。摘除斑节对虾单侧眼柄可显著提高精子数量，精子头部直径增大，长度增加，但精巢体积、精囊重量和精子存活率并无显著变化。结果说明，摘除眼柄能刺激精子发生、提高精子数量，这种眼柄的抑制机制在淡水沼虾的生殖和蜕皮过程中也起作用。有多个研究证实，通过 RNA 干扰技术沉默 GIH 后，可以提高 Vg 基因的表达水平，表明 GIH 是卵巢发育的负调控因子。然而，GIH 的分子结构及其作用机制仍有待进一步研究。

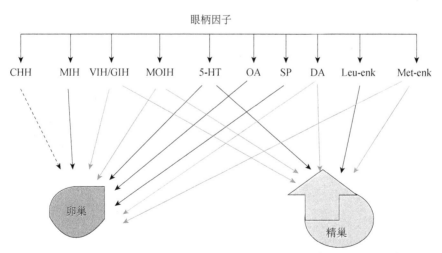

图 6-1　眼柄因子对甲壳动物生殖的影响（引自 Ganji Purna Chandra Nagaraju，2010）

CHH. 甲壳动物高血糖激素；MIH. 蜕皮抑制激素；VIH. 卵黄生成抑制激素；GIH. 性腺抑制激素；
MOIH. 下颌器官抑制激素；5-HT. 5-羟色胺；OA. 章鱼胺；SP. 螺旋哌丁苯；DA. 多巴胺；
Leu-enk. 亮氨酸脑啡肽；Met-enk. 甲硫氨酸脑啡肽。——▶表示正反馈调节；
——▶ 表示负反馈调节；-----▶表示正或负反馈调节

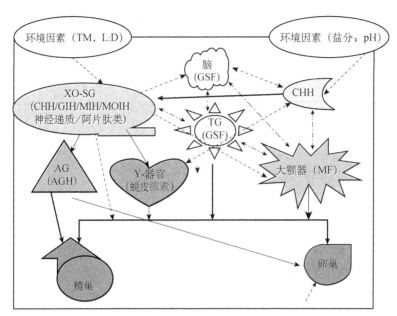

图 6-2　环境因素与神经内分泌和非神经内分泌激素对甲壳动物生殖的影响
（引自 Ganji Purna Chandra Nagaraju，2010）

TM. 温度；L:D. 光照和黑暗；GSF. 性腺刺激因子；TG. 胸神经节；CHH. 甲壳动物高血糖激素；GIH. 性腺抑制激素；MIH. 蜕皮抑制激素；MOIH. 下颌器官抑制激素；MF. 甲基法尼酯；AG. 促雄性腺；AGH. 促雄性腺激素。━━▶ 表示正反馈调节；━━━ 表示负反馈调节；-----▶ 表示正或负反馈的调节；--- ▶表示未知调节

四、GSF 在甲壳动物生殖中的作用

在甲壳类动物中，摘除眼柄和移植胸神经节、脑的实验，证明了性腺刺激因子（gonad stimulating factors，GSF）的存在。匙指虾科的 *Paratya compressa* 和哈氏仿对虾（*Parapenaeopsis hardwickii*）的脑和胸神经节提取物，在体内和体外都可以促进卵巢生长，但在 *P. compressa* 中，脑的提取物比胸神经节更有效。脑和胸神经节提取物可以诱导 *P. compressa* 和大西洋砂招潮蟹（*Uca pugilator*）卵巢成熟和次级卵母细胞发育，大西洋砂招潮蟹的 GSF 随着每年的生殖周期而变化。美洲螯龙虾的胸神经节移植到无生殖能力的凡纳滨对虾体内，可加快其卵巢成熟。胸神经节提取物在试管中可以刺激卵黄生成，说明 GSF 的作用可能没有物种特异性。

五、MIH 在甲壳动物生殖中的作用

MIH 的主要功能是抑制 Y-器官合成蜕皮激素，延长蜕皮周期，而在虾蟹类中关于 MIH 调控生殖的报道还相对较少。目前，已经在黄道蟹（*Cancer pagurus*）、中华绒螯蟹、拟穴青蟹（*Scylla paramamosain*）、红螯螯虾（*Cherax quadricarinatus*）、刀额新对虾（*Metapenaeus ensis*）等物种中获得了 MIH 全长序列。对雌性刀额新对虾注射重组 MIH-B（MIH-like cDNA）蛋白后发现，肝胰腺中卵黄蛋白原基因的表达水平上升，并且在这些雌虾的血淋巴和卵巢中检测到具有类似卵黄蛋白原免疫原性的蛋白；而在注射 MIH-B dsRNA 后，这些雌虾胸神经节和卵巢中 MIH-B 水平下降，同时肝胰腺和卵巢中卵黄蛋白原表达量下降。在刀额新对虾中，MIH 的 mRNA 转录水平在卵黄发生前期较低，随卵巢成熟过程表达量不断上升。MIH 与其特异受体结合后，可能以 cAMP 为第二信使将细胞外信号传递到细胞内。此外，MIH 在肝胰腺上结合位点的数量随卵巢发育发生变化，Ⅲ期比Ⅰ期和Ⅱ期高 2 倍。这些结果表明，MIH 是甲壳动物蜕皮和繁殖的关键调节因子，它可以同时参与抑制蜕皮和诱导卵巢成熟过程。

六、MOIH 在甲壳动物生殖中的作用

MOIH 是由 X-器官-窦腺复合体分泌的神经肽，能间接抑制卵黄发生。MOIH 抑制甲壳动物大颚器分泌甲基法尼酯（MF），而 MF 促进动物卵黄发生，是一种重要的甲壳动物性腺刺激激素。因此，MOIH 通过抑制 MF 的分泌而间接抑制卵黄发生。利用反向高效液相色谱法（reversed-phase high performance liquid chromatography，RP-HPLC），从黄道蟹眼柄窦腺提取物中分离到 MOIH-1 和 MOIH-2，且证明它们直接作用于大颚器，抑制 MF 的生物合成，即 MOIH 通过抑制大颚器合成 MF 从而调控性腺的发育。

第二节　促雄性腺激素对甲壳类生殖活动的影响

甲壳动物的促雄性腺为特殊的内分泌器官，伴生在雄性生殖系统附近，在调控雄性的性别分化、第二性征的维持以及生殖生理过程中起重要作用。1947 年，Cronin 首次在蓝蟹（*Callinectes sapidus*）中发现了该腺体。1954 年，Charniaux-Cotton 等在端足目跳沟虾（*Orchestia gammarella*）中首次阐明了它在雄性性别发育中的功能，并命名其为促雄性腺。促雄性腺在雄性性别分化中的作用主要源于其分泌的激素——促雄性腺激素（androgenic gland hormone，AGH）。

一、AGH 的化学性质

关于 AGH 的化学性质，一直争议很大。罗氏沼虾的 AGH 脂类染色呈阳性，推测 AGH 为类固醇类物质。之后学者证实这种脂类物质为类萜化合物法呢基丙酮和六氢法呢基丙酮。

然而，更多的研究支持 AGH 是蛋白质类化合物。King 发现粗腿厚纹蟹（*Pachygrapsus crassipes*）的 AG 细胞含有高度发达的粗面内质网，这一结构类似于产生蛋白质的细胞，推断 AGH 可能是蛋白质或多肽类化合物。随后，从等足目卷甲虫的 AG 中分离出能够促雄性化特征出现的蛋白质。蛋白水解以及氨基酸含量下降可降低 AGH 活性，进一步证明该物质属于蛋白质类化合物。

二、AGH 基因的克隆及结构特点

研究表明：移植或去除 AG 可控制卷甲虫性别特征。用反相高效液相色谱从雄性卷甲虫的 AG 中纯化出一种蛋白化合物，根据该化合物设计兼并引物，首次扩增出在 AG 中特异性表达的 AGH 基因的 cDNA 序列。虽然该序列与胰岛素序列没有相似性，但结构与胰岛素类似。根据同源蛋白相似性设计兼并引物，在另两种等足目糙皮鼠妇 *Porcellio scaber* 和 *P. dillatatus* 的 AG 中也获得了编码 AGH 的 cDNA 序列。该序列与卷甲虫的 AGH 序列相似性为 81.96%，提示 AGH 具有序列保守性。根据糙皮鼠妇中 AGH 基因序列的扩增方法，利用同源序列克隆从十足目中分离 AGH 基因一直没有成功，极大地阻碍了 AGH 基因的研究进展。2007 年，Manor 等首次通过构建红螯螯虾（*Cherax quadricarinatus*）AG 的消减杂交 cDNA 文库，鉴定出 AGH 基因 *Cq-IAG*，其序列与等足目 AGH 相似性仅有 22%～25%，但氨基酸序列与等足目 AGH 结构相似，均属胰岛素样超家族成员，因此将其命名为 *Cq-IAG*（*C. quadricarinatus* insulin-like androgenic gland hormone，胰岛素样促雄腺激素，IAG）。该基因是迄今为止发现的第一个与性别相关的类胰岛素原基因。此后，很多学者通过构建文库的方法获得了 IAG 的基因序列。截至目前，已克隆了 10 多种其他十足目甲壳动物 IAG 基因的全长 cDNA，其中大部分特异性表达是在 AG 中（图 6-3）。

图 6-3　AG 研究的关键事件（引自 Ventura，2011）

系统发育分析显示，甲壳动物的 AGH 在进化上分成两分支：十足目的 IAG 和等足目的 AGH（图 6-4）。然而，Pm-IAG 和 Mr-IAG 一样同属于十足目，但却和等足目的 AGH 处于同一个进化支上。这种矛盾可能是由于系统发育构建方法不同或针对序列特定区域构建的进化树。同一个 IAG 基因也可由于可变剪接而产生不同的 IAG 亚型。例如，中国明对虾（*Fenneropenaeus chinensis*）的 2 个 IAG 亚型 Fc-IAG1 和 Fc-IAG2，是由 Fc-IAG mRNA 前体的第四个内含子的可变剪接造成的。

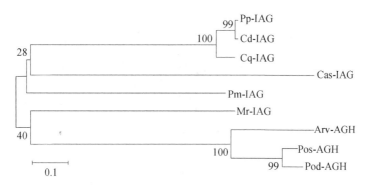

图 6-4　基于 CLUSTAL W 的 AGH 系统进化树

Pp-IAG. 远海梭子蟹（*Portunus pelagicus*）IAG；Cd-IAG. 螯虾（*Cherax destructor*）IAG；
Cas-IAG. 蓝蟹（*Callinectes sapidus*）IAG；Arv-AGH. 卷甲虫（*Armadillidium vulgare*）AGH；
Pos-AGH. 糙皮鼠妇 *Porcellio scaber* AGH；Pod-AGH. 糙皮鼠妇 *Porcellio dilatatus* AGH；
Pm-IAG. 斑节对虾（*Penaeus monodon*）IAG；Mr-IAG. 罗氏沼虾（*Macrobrachium rosenbergii*）IAG

三、AGH 的功能

早期甲壳动物 AG 的功能研究，主要是通过移除、植入 AG 后观察性别特征形态或生理变化来进行。在端足目跳沟虾中，移入了 AG 的雌性，没有再生雌性的特异特征，卵黄生成抑制，开始出现雄性的特征。去除了 AG 的雄性，精巢开始退化，卵黄生成代替精子发生。移入 AG 的雌性罗氏沼虾外部形态和生殖器官均呈现出雄性化特征，若在卵巢分化之前移入 AG，可获得完全功能的性逆转个体。去除 AG 的雄性罗氏沼虾外部形态、生殖器官和生长速度都向雌性转化。在克氏原螯虾（*Procambarus clarkii*）和日本绒螯蟹（*Eriocheir japonicus*）中，移入 AG 的雌性个体也都呈现出雄性化的特征。将 AG 植入雌性拟穴青蟹中，导致卵母细胞退化以及卵巢衰退。将卵巢组织和 AG 提取物体外共孵，发现卵巢组织对氨基酸的摄取减少了 50%，说明 AG 提取物抑制了卵巢组织的生长。

成体罗氏沼虾（变态后 70～80d，体重为 0.25～1.6g）中，长期（55d）干扰 IAG 基因抑制了雄性特征的发育。在红螯螯虾中，通过 RNA 干扰沉默 IAG 基因，使雄性个体出现了雌性化特征、精子发生受到抑制、Vg 基因开始表达、卵母细胞中的卵黄大量积累等现象（图 6-5）。以上结果表明，IAG 基因在甲壳动物的性别分化方面发挥重要作用。2012 年，在甲壳动物性别分化方面取得了突破性进展，Ventura 等通过长时间干扰雄性罗氏沼虾幼体（变态后 30d，体重 30～70mg），获得了完全性逆转的"新雌虾"。随后应用"新雌虾"与正常的雄虾交配产生了全雄的后代，从而实现了罗氏沼虾的单性化养殖。有研究证实，IAG 和胰岛素样促雄性腺激素结合蛋白（insulin-like androgenic gland hormone binding protein，IAGBP）存在相互的调控关系，且进一步确认 MIH 和 GIH 是 IAG 基因的负调控因子。

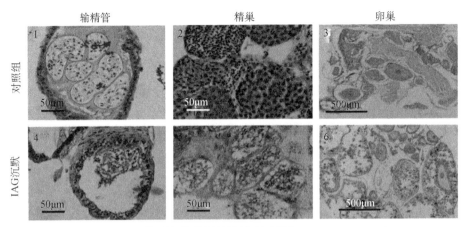

图 6-5　IAG 干扰后红螯螯虾的性转变（引自 Ohad et al.，2010）

未处理组（1～3）生殖系统表现正常，输精管充盈（1），睾丸生精（2），卵巢处于不活跃状态（3）；IAG 沉默
处理组（4～6）输精管空泡（4），精子发生被抑制（5），卵巢被激活，卵母细胞中的卵黄大量积累（6）

第三节　神经递质在甲壳类生殖活动中的作用

一、概述

神经递质在甲壳类生殖中的作用越来越受到重视，自 20 世纪 80 年代初期以来，由于免疫组化、放射性免疫测定等技术的兴起，对甲壳动物神经递质的研究也进入了全面发展的时期，甲壳类神经递质功能的研究已取得了一些进展。

生物胺类在昆虫和甲壳类动物中起神经递质作用，参与甲壳动物神经激素的释放。5-羟色胺（5-hydroxytryptamine，5-HT）又名血清素，属生物胺中的抑制性神经递质，常作为神经递质或神经调质或激素物质，调控许多重要的生理功能，广泛分布在甲壳动物中枢和外周神经组织中。它与多巴胺（dopamine，DA）都为经典的单胺类神经递质。这两种神经递质在脊椎动物和无脊椎动物神经系统、神经内分泌组织、消化道和鳃中广泛分布。

二、生物胺在雌性甲壳类生殖活动中的作用

5-HT 和另一种生物胺——章鱼胺（octopamine，OA）在控制美洲螯龙虾的交配行为中起关键作用。应用高效液相色谱结合电化学检测技术对罗氏沼虾卵巢发育各时期中枢神经系统和卵巢中 5-HT 和 DA 进行测定发现，脑和胸神经节中 5-HT 浓度随卵巢发育逐渐升高，且在第Ⅳ期达到最大，而脑和胸神经节中 DA 的浓度在卵巢发育第Ⅱ期达到最高，随后降低（图 6-6、图 6-7）；且注射 5-HT 可使Ⅳ期的血淋巴中 Vg 含量显著增加，而注射 DA 则效果相反。

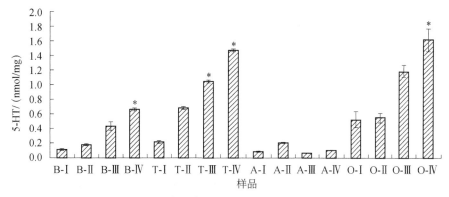

图6-6　罗氏沼虾脑（B）、胸神经节（T）、腹神经节（A）和卵巢（O）中的5-HT
在卵巢发育不同时期（Ⅰ～Ⅳ）的含量变化

*表示有显著性差异，下同

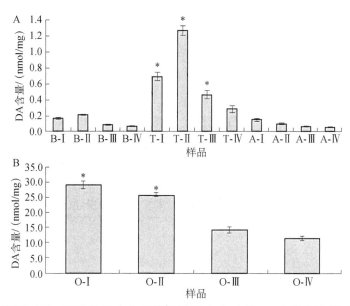

图6-7　A. 罗氏沼虾脑（B）、胸神经节（T）和腹神经节（A）中的DA在卵巢发育不同时期（Ⅰ～Ⅳ）
的含量变化；B. 卵巢（O）中的DA在不同发育时期（Ⅰ～Ⅳ）的含量变化

　　还有一些研究发现，5-HT和DA在利莫斯螯虾（*Orconectes limosus*）、克氏原螯虾和罗氏沼虾的中枢神经系统，以及欧洲龙虾和普通滨蟹（*Carcinus maenas*）的眼柄、脑、胸、食管和腹神经节中均有广泛分布。在凡纳滨对虾中注射5-HT可以诱导卵巢的发育，但比单侧切除眼柄的效率低。用5-HT和DA拮抗物螺旋哌丁苯（spiperone，SP）处理凡纳滨对虾和南美蓝对虾（*Litopenaeus stylirostris*），可促进卵巢发育和排卵。同时注射5-HT和SP以及单独注射SP，都能刺激罗氏沼虾卵巢成熟和胚胎发育，使卵巢指数和卵母细胞直径增加。用SP处理红螯螯虾，可以刺激卵巢成熟并使产卵量升高。含有SP的饲料可使魔蝎虾（*Aegla platensis*）性腺指数（GSI）升高。同时，SP也可以引起淡水蟹*Aegla uruguayana*卵巢和肝胰腺中脂质和胆固醇的增加，证明高性腺指数与卵巢和（或）肝胰腺的高脂质含量相关。在罗氏沼虾亲本切除眼柄后,5-HT 注射可以在 16d 内使血淋巴中 Vg 含量显著上升到对照组的 15~26 倍。5-HT 对罗氏沼虾的刺激可以诱导卵巢成熟和卵母细胞生长。由此可见,5-HT 在甲壳动物性腺发育和卵子产生过程中发挥重要作用。对雌性动物来说,在卵巢分化早期注射 SP,会提高克氏原螯虾的 GSI。

三、生物胺在雄性甲壳类生殖活动中的作用

生物胺对甲壳类生殖调控作用的研究几乎都集中在雌性方面,在雄性方面的报道较少。5-HT 除影响雌性甲壳动物外,对雄性生殖系统也具有调控作用。在招潮蟹中,注射 5-HT 能刺激精巢发育,注射 5-HT 的拮抗剂对精巢和 AG 无诱导作用。推测 5-HT 间接刺激 GSF 的释放,导致 AG 合成和释放 AGH,最终激活精巢发育。该推论通过采用活体注射和体外培养方法,以精巢指数、精巢生精小管的成熟节段比例和 AG 的 B 型细胞比例为量化指标,在 3 种生物胺 5-HT、DA 和 OA 对雄性锯缘青蟹生殖神经内分泌调控作用的研究中得到证实。在活体注射实验中,5-HT 组锯缘青蟹的精巢发育和 AG 分泌活动具有显著的促进作用,DA 组精巢发育受到抑制,但 AG 细胞的分泌活动不受影响,OA 组与同步对照组(PBS)差异不显著(表 6-1)。离体实验中,5-HT 刺激了脑和胸神经团的分泌活动,从而促进 AG 分泌活动;OA 和 DA 对脑和胸神经团分泌活动没有明显影响,视神经节的生殖内分泌活动几乎不受 3 种生物胺的影响。

表 6-1 注射生物胺对锯缘青蟹精巢发育和 AG 分泌活动的影响

指标	PBS	5-HT	OA	DA
精巢指数	0.15 ± 0.02^b	0.24 ± 0.05^c	0.15 ± 0.03^b	0.14 ± 0.04^b
成熟节段比例	0.21 ± 0.07^b	0.35 ± 0.06^c	0.18 ± 0.06^b	0.12 ± 0.05^d
B 型细胞比例	0.31 ± 0.08^a	0.44 ± 0.12^b	0.31 ± 0.10^a	0.30 ± 0.11^a

注:同一行数值后面的不同英文字母,代表差异显著或极显著

第四节　类固醇和甲基法尼酯对甲壳类生殖活动的影响

一、蜕皮激素

蜕皮激素除参与蜕皮外,在调节虾蟹类卵黄生成、卵巢成熟和蛋白质合成中也起重要作用。在甲壳动物中,无活性的母体化合物、蜕皮激素和 20-羟基蜕皮激素(20-hydroxyecdysone,20-HE)都在 Y-器官中合成。不同品种的甲壳动物分泌不同的蜕皮激素,且其蜕皮激素可以由多种激素混合而成。蜕皮激素在长缝拟对虾(*Parapenaeus fissures*)、美洲螯龙虾、锯齿长

臂虾（*P. serratus*）、欧洲龙虾、罗氏沼虾、九刺蜘蛛蟹和斑节对虾的卵巢及卵中存在。普通滨蟹卵巢和血淋巴中的蜕皮固醇在卵黄发生过程中明显增加，产卵前则下降。在卵黄发生开始时，蜘蛛蟹 *Acanthonyx lunulatus* 中的蜕皮激素和 20-HE 的含量增多。

中华绒螯蟹处在卵母细胞小生长期及蜕皮期间时，其血淋巴中 20-HE 含量是持续上升的，而进入卵母细胞大生长期后，同一蜕皮期的 20-HE 含量则很快下降。在繁殖阶段，处于 D3 蜕皮期的罗氏沼虾卵巢的蜕皮激素含量比在非繁殖阶段的同一蜕皮期的卵巢多一倍。切除等足目一种鼠妇 *Porcellio dilatatus* 的 Y-器官可抑制卵黄发生。以上研究结果表明，蜕皮激素可能是甲壳动物的卵巢发育所必需的。然而，在斑节对虾卵巢和血淋巴中的蜕皮激素（主要是 20-HE）在卵巢不成熟期（0 期）含量最多，而 Ⅰ～Ⅳ 期则不断下降。这些结果又显示蜕皮激素似与卵巢发育无关。为进一步了解虾蟹类的生殖调节机制，蜕皮激素在生殖方面的作用还需要进一步的研究。

二、性固醇激素

甲壳动物性腺存在与脊椎动物相同的性类固醇激素，而且甲壳动物酶系统也具有合成脊椎动物型类性固醇激素的能力。1948 年，有报道指出，美洲海蝲蛄（*Homarus americans*）的卵中具有雌激素活性的物质，后证实此物质为 17β-雌二醇（17β-estradiol）。除 17β-雌二醇外，甲壳动物体内还存在孕酮、雌酮和睾酮等脊椎动物类型的性固醇激素。在卵巢未成熟的美洲海蝲蛄的卵巢和血淋巴中检测不到 17β-雌二醇，而在卵巢正在成熟中的美洲海蝲蛄的卵巢和血淋巴中却可检出，孕酮的含量变化与之相似。非共轭孕酮含量在斑节对虾的发育至最后两个期（Ⅲ 期、Ⅳ 期）的卵巢中达到最高，雌二醇和雌酮则在 Ⅱ、Ⅲ 期的卵巢中含量最高。斑节对虾卵巢中的孕酮水平在卵巢成熟期较高，而在未成熟期较低，而雌二醇的含量虽在卵巢发育早期最低，在后期则高低交替变化。罗氏沼虾在卵巢成熟过程中，其卵巢和血淋巴中 17β-雌二醇含量最高，而在未成熟和产过卵的虾中最低。在锯缘青蟹卵黄发生的不同时期，卵巢和血淋巴中的孕酮发生波动。孕酮和雌二醇明显刺激刀额新对虾的肝胰腺和卵巢组织中 Vg1 基因的表达。日本囊对虾注射 17α-羟孕酮可促进卵巢的生长和卵黄生成。17α-羟孕酮、孕酮对罗氏沼虾卵黄发生前期和卵黄发生期卵母细胞直径增大有极显著刺激作用，高浓度雌二醇对卵黄发生前期卵母细胞直径增大也有明显刺激作用。这些性固醇含量和卵巢发育的相关性提示它们是卵巢发育的一定阶段所必需的，但这种相关性是有物种差异的。

三、甲基法尼酯

甲基法尼酯（MF）首先发现于九刺蜘蛛蟹的血淋巴。研究者通过气相色谱和选择性离子检测技术对甲壳动物血淋巴进行检测，确定了 MF 的存在；随后的研究显示 MF 是由大颚器（MO）合成和分泌的。目前已经在多种十足目甲壳动物中发现 MO 和 MF 的存在，如九刺蜘蛛蟹、克氏原螯虾、美洲螯龙虾、色拉淡水蟹等。不同物种 MO 合成 MF 的速率和血淋巴中的 MF 浓度各不相同。但是，到目前为止还未曾在非十足类甲壳动物体内发现 MO。

MF 结构与保幼激素类似，差别只在于末端是否有环氧基团。保幼激素参与了昆虫雌性生殖的几个方面，如次级卵黄生成和 Vg 吸收。MF 在甲壳动物中可能具有类似的功能。在甲壳动物性腺发育和繁殖方面的大量研究表明，MF 能够刺激性腺发育成熟，促进繁殖的进行。注射 MF 能明显促进锐脊单肢虾（*Sicyonia ingentis*）的卵巢生长。色拉淡水蟹淋巴 MF 水平在卵黄发生前及早期最高，MF 合成与促卵黄发生密切相关。MF 能提高离体培养的罗氏沼虾卵黄发生前卵巢中卵黄蛋白原基因的表达水平，并促进卵巢总蛋白的合成，将 MF 与中华绒螯蟹卵母细胞共同进行离体培养，发现 Vg 表达显著上升。MF 对于雄性甲壳动物精巢发育和繁殖行为的发生同样具有促进作用。头胸甲和螯足较大的雄性个体一般在繁殖中处于优势，其体内合成 MF 的速率高于繁殖能力低的个体，且性成熟雄性个体的 MO 体积、MF 合成速率和血淋巴中 MF 含量都要高于未成熟个体，说明 MF 很可能与雄性甲壳动物的性腺发育和繁殖行为关系密切。也有一些研究报道与以上结论相反。例如，外源 MF 对红螯螯虾有促进其生殖及产卵作用，而高浓度 MF 会导致红螯螯虾死亡率上升，且持续接触低浓度的 MF 会抑制其生长和繁殖。有研究者发现，MF 只有在高浓度时才能促进卵巢发育早期阶段肝胰腺 Vg 表达，而且在卵巢发育晚期对肝胰腺 Vg 表达无影响。越来越多的实验证明，MF 对甲壳动物卵巢发育和卵黄发生起着重要的调控作用，但其作用方式可由于物种不同、个体所处的卵巢发育阶段不同、MF 使用剂量不同而存在一定差异，也有待进一步深入阐明。

第五节　甲壳类的性别调控

甲壳动物种类繁多，其中许多物种，特别是十足目虾蟹类是世界范围内重要的养殖对象。多数甲壳动物雌雄之间存在明显的生长差异现象，因此单性化养殖一直是获得更高收益的最佳方法，也是甲壳动物养殖领域极具吸引力的研究方向。性别控制研究在甲壳类动物育种中具有重要的意义。

一、甲壳类的性别决定机制

甲壳动物的性别决定是一个复杂的过程，包含了庞大的基因与基因、基因与环境之间相互作用的调控网络，这与在其他动物中发现的基因控制性别的模式一致，即甲壳动物性别的基因决定，从单纯的多基因系统到高度进化的染色体性别决定系统都存在。甲壳动物的进化地位较低，只在少数物种中鉴定出了性染色体，主要有 XX/XY、ZW/ZZ 等。在大部分甲壳动物中仍然没有鉴定出性染色体，因此，与脊椎动物相比，甲壳动物的性别决定与分化具有原始性、多样性和可塑性的特点。

目前，甲壳动物性别决定可以分为以下 4 种主要类型：遗传型性别决定、多基因或多因子性别决定、环境性别决定和细胞质因子性别决定。如表 6-2 所示，不同于十足类中普遍存在的多基因型性别决定机制，水溞和大型溞类是周期性单性生殖的环境决定性别机制。

表 6-2　腕足类、等足类和十足类的性别决定模式

机制	分类系统	物种	参考文献
环境型：周期性孤雌生殖	鳃足纲	某种水溞 *Daphnia pulex*	Crease et al.，1989；Chen et al.，2014
环境型：周期性孤雌生殖	鳃足纲	某种大型溞 *Daphnia magna*	Kleiven et al.，1992；Kato et al.，2008
基因型：ZZ / ZW 雄性同配性♂ ZZ ♂ + 性逆转后的♀=ZZ♀ **细胞质型**： ZZ ♂ + Wolbachia= ♀ 可育型 WW ♀	软甲纲 等足目 潮虫亚目	普通卷甲虫	Rigaud et al.，1997；Cordaux et al.，2011；Leclercq et al.，2016；Becking et al.，2017；Cordaux and Gilbert，2017
基因型：XY / XX 雄性异配型♂（通过异配子转变实现的多样性） 可育型 YY ♂	软甲纲 等足目 潮虫亚目	方鼻卷甲虫（*Armadillidium nasatum*） 潮虫 *Armadillo officinalis* 栉水虱（*Asellus aquaticus*） 林潮虫属 *Helleria brevicornis* 鼠妇属 *Porcellio dilataus dilatatus*	Juchault and Legrand，1964；Rocchi et al.，1984；Becking et al.，2017
基因型：ZZ / ZW 雄性同配型♂（通过异配子转变实现的多样性） 可育型 WW♂	软甲纲 等足目 潮虫亚目	卷甲虫属 *Armadillidium depressum* 卷甲虫属 *A. granulatum* 斑马球鼠妇（*A. maculatum*） 方鼻卷甲虫（*A. nasatum*） 潮虫科 *Eluma purpurascens* 潮虫属 *Oniscus asellus* 鼠妇属 *Porcellio dilatatuspetiti* 光滑鼠妇（*P. laevis*） 糙皮鼠妇（*P. scaber*） 快捷气管虫（*Trachelipus rathkei*）	Juchault and Legrand，1972；Legrand et al.，1974；Juchault and Legrand，1979；Mittaland Pahwa，1980；Mittal and Pahwa，1981；Juchault and Rigaud，1995；Becking et al.，2017
XY / XX 雄性异配型♂	软甲纲 十足目 无螯亚目	东部岩龙虾 *Sagmariasus verreauxi* 刺龙虾 *Panulirus marginatus*	Chandler et al.，2017；Shaklee，1983

续表

机制	分类系统		物种	参考文献
ZZ / ZW 雄性同配型♂	软甲纲 十足目 真虾亚目		罗氏沼虾	Sagi and Cohen，1990； Malecha et al.，1992； Ventura et al.，2011b； Jiang and Qiu，2013
$X_1X_1X_2X_2/X_1X_2Y$ 雄性异配型♂	软甲纲 十足目 真虾亚目		长臂虾属 *Palaemon elegans*	Torrecilla et al.，2017
异型性染色体缺失	软甲纲 十足目 真虾亚目		普通对虾	Torrecilla et al.，2017
ZZ / ZW 雄性同配型♂	软甲纲 十足目 螯虾亚目		红螯螯虾	Parns et al.，2003
XY / XX 雄性异配型♂	软甲纲 十足目 螯虾亚目		淡水螯虾 *Austropotamobius pallipes* 巨石螯虾（*A. torrentium*）	Mlinarec et al.，2016
ZZ / ZW 雄性同配型♂	软甲纲 十足目 枝鳃亚目		凡纳滨对虾 中国明对虾 日本对虾 斑节对虾	Li et al.，2003； Zhang et al.，2007； Gopal et al.，2010； Li et al.，2003； Preston et al.，2004； Coman et al.，2008； Benzie etal.，2001； Preechaphol et al.，2007
ZZ / ZW 雄性同配型♂	软甲纲 十足目 短尾亚目		中华绒螯蟹	Cui et al.，2015
XY / XX 雄性异配型♂	软甲纲 十足目 短尾亚目		锈斑蟳（*Charybdis feriatus*）	Trino et al.，1999

遗传型性别决定是指由一个或多个关键遗传因子的存在或缺失来决定某种性别的发育。甲壳类具有不同的遗传型性别决定模式，如雄性或雌性配子异型。已知甲壳类的几种不同类型的雄性配子异型：鳃足类、等足类、桡足类的 XO 型，桡足类（如水溞）和大多数十足类的 XY 型，介形动物的 X_1X_2O 型和十足类（刺铠虾）的 X_1X_2Y 型。此外，还包括卤虫 WZ 型染色体的雌性配子异型。在等足类中，雄性配子同型 ZZ 比雄性配子异型 XY 更为常见。

遗传型和多基因型性别控制机制都是通过研究等足类和端足类的性逆转而揭示的，通过手术移植 AG，雌性个体可以逆转为"新雄性"，并具有雄性的生理特征。遗传型性别决定和环境型性别决定在物种中广泛存在，而通过细胞内共生菌 Wolbachia 的作用产生的胞质因子决定性别的现象是甲壳动物所特有的，胞质因子对性别决定的影响途径之一是通过控制胚胎或幼体期的性腺发育来实现的。

二、生殖相关基因在甲壳类性别调控中的作用

迄今为止在甲壳动物性腺分化通路中发现了多个主要调控因子，如 Dmrt、Dsx、SOX-9、IAG 等。这些因子可诱导和调控相关基因的表达，是性腺发育和分化的重要调控因子。

由于 AG 在虾蟹类性别决定和分化过程中起着关键作用，因此有关甲壳动物的性别决定和分化基因研究较为透彻的是 IAG。在虾蟹类中，IAG 基因序列首先在红螯螯虾中被克隆出来，随后在罗氏沼虾、红螯螯虾中发现 IAG 基因在雄性的性别分化、精巢发育、维持第二性征、生长发育和生殖等方面发挥重要作用。IAG 基因在虾蟹类的性别分成过程中起着性别"开关"的作用，如果 IAG 表达，那么个体将发育成雄性，反之，则成为雌性个体。研究人员通过长时间干扰雄性罗氏沼虾幼体，获得了完全性逆转的"新雌虾"。随后应用"新雌虾"与正常雄虾交配产生了全雄后代，从而实现了罗氏沼虾的单性化养殖。

Dmrt（double-sex and Mab-3 related transcription factor）是参与性别决定最古老的基因家族。很多研究证明其在甲壳动物性别决定和性别分化方面起作用。在大型溞中克隆到三个 *Dmrt* 家族基因 *Dmrt11E*、*Dmrt93B* 和 *Dmrt99B*，其中 *Dmrt11E* 和 *Dmrt99B* 基因在卵巢中的表达量高于精巢，*Dmrt93B* 基因在精巢中特异性表达，证明其可能参与雄性的性别分化。在中华绒螯蟹中，进一步证明 *Dmrt* 可能通过二聚体的形式影响精巢发育。在罗氏沼虾中克隆到的 *Dmrt11E* 和 *Dmrt99B* 基因表达出和大型溞相同的表达模式，干扰 *Dmrt99B* 基因后，对雄性生殖相关基因没有影响，而干扰 *Dmrt11E* 基因后，IAG 基因的表达量显著降低。在一种龙虾 *Sagmariasus verreauxi* 中，鉴定到一条连接到 Y 染色体的 *Dmrt* 基因，命名为 *iDMY*，它在雄性性别决定的时间点中，表达量远远大于其常染色体的同源基因 *iDmrt1*。酵母反式激活分析证明，*iDmrt1* 基因可能通过抑制 *Dmrt* 基因表达的方式参与性别调控。

在昆虫的性别决定中，*Dsx*（doublesex）基因是调节下游性别二态性发育的重要元件，在不同物种中相对比较保守。在大型溞中克隆出 *Dsx* 的同源基因，其结构域与昆虫的 *Dsx* 相似，可调控雄性性征发育。敲除雄性胚胎中的 *Dsx* 基因后，会引起卵巢发育。但是与昆虫 *Dsx* 基因在性别分化过程中在 mRNA 剪接水平上进行性别特异性调节不同，大型溞的 *Dsx* 基因在胚胎发生期间的转录本丰度上表现出性别二态性差异，在雄性中的表达量随时间而增加。随后，在水溞、盔形溞（*Daphnia galeata*）、模糊网纹溞（*Ceriodaphnia dubia*）和多刺裸腹溞（*Moina macrocopa*）中也克隆到了具有性别二态性表达模式的 Dsx 基因。在中国明对虾中，鉴定出的 *Dsx* 基因主要在精巢组织表达，并随着幼体发育表达量逐渐升高，RNA干扰结果显示其可以正调控参与雄性性别分化的 IAG 基因表达。

Sry 基因是人类及哺乳动物睾丸决定因子的最佳候选基因，*HMGbox* 是 *Sry* 基因编码蛋

白质的唯一功能区，在性别决定中极其重要且高度保守，许多进化程度上明显不同的物种中都能检测出 *Sry* 基因的 HMG *box*，即 *Sox* 基因。*Sox-9* 属于 *Sox* 基因家族成员，是目前发现的大多数脊椎动物睾丸发育的主要基因之一，被认为与性逆转、性别分化胚胎期的细胞分化以及精原细胞的形成有关。脊尾白虾（*Exopalaemon carinicauda*）单侧眼柄摘除后，*Sox-9* 在 AG 中呈现高表达，这表明眼柄中可能存在某种因子对 *Sox-9* 进行负调控作用。通过 RNA 干扰实验发现，*Sox-9* 对 IAG 的表达存在正调控作用，而 IAG 对 *Sox-9* 的表达存在反馈调控作用。

此外，*Sex-lethal*（*Sxl*）、*Transformer*（*Tra*）等基因也被证明参与性别的分化过程。近年来分子生物学技术迅速发展，为我们寻找性别决定和性别分化关键基因提供了便利，对这些候选基因进行功能阐释，可以从根本上了解甲壳类性别决定和性别分化的机制，为甲壳动物的性别控制提供重要的理论指导。

三、环境因子对性别调控的影响

环境因子对性别决定的影响主要取决于生物个体对外界环境的应答，即环境因素可以使生物原来的性别决定系统发生改变。甲壳动物的性别决定系统与脊椎动物相比较不稳定，因此也具有成为环境型性别决定的潜在可能。

潮虫 *Ione thoracica* 在性别未分化阶段寄生在一种美人虾 *Callianassa laticaudata* 鳃部，先寄生的幼虫会发育成雌性，后寄生到同一条美人虾的潮虫将发育成雄性，目前，具体的机制尚不清楚。桡足类为雌雄间性，可发生性别转换，性别在发育后期决定，是环境决定性别的典型例子。环境温度、营养状况和群体密度等环境因子都可能引起等足目中单性生殖的物种性别发生改变。例如，在端足目迪氏钩虾（*Gammarus duebeni*）中，夏季孵出的个体多为雄性，而秋季孵出的个体多为雌性；高温处理中国对虾的卵，雌性比例明显上升，达到 2.44∶1，差异极为显著。温度对海洋水溞初级性比影响的研究发现，在 15～22℃范围内，温度越高，雄性所占比例越大。

有些浮游桡足类的性别决定与环境的营养状况相关，营养状况可能是性别发生改变的诱因：在食物匮乏的环境中，生长速度慢的个体比生长速度快的个体能存活更长时间，从而导致更多的个体改变性别。缺乏食物会影响桡足类 AGH 分泌，导致雄性个体转变为雌性，性别变化的原因可能是 AG 的降解。

第七章　贝类生殖活动的内分泌调控

内分泌系统一般被描述为涉及多个器官以及进行级联反应化学介质的系统，因此会经历许多调控过程。基于此，由内分泌腺和靶向组织的数量来界定一级、二级以及三级顺序调控系统。在软体动物中，内分泌系统特别是生殖轴一般仅包括神经分泌细胞和其他内分泌腺体如性腺，而三级调控系统仅限于描述头足类动物。

贝类的神经激素既可以作用于内分泌腺从而促进内分泌腺中激素的释放，也可以直接作用于靶组织调节贝类的生殖和发育。贝类的性腺既是配子产生和发育的部位，也是贝类重要的与生殖相关的内分泌腺体。研究表明贝类的性腺除了具有合成和分泌性类固醇激素的作用外，还具有合成和分泌如抑制素、活化素及卵泡抑制素等蛋白激素的功能。

促性腺激素释放激素（GnRH）或 GnRH 样受体（GnRH-like peptide recepter）已经在双壳纲物种太平洋牡蛎（*Crassostrea gigas*）的性腺中发现，它似乎仅在性腺发育过程中表达，因为在交配间期（性休期）并没有记录到这些激素的作用。其他的神经激素包括神经多肽和胺能神经分泌物（多巴胺、去甲肾上腺素、血清素）是由神经节（脑部、内脏及足部）产生的。神经激素对于性成熟的刺激作用可在软体动物中表现，如紫贻贝和太平洋牡蛎。神经激素不仅可以激活配子增殖和卵黄生成，还能调控能量存储机制和产卵过程。类固醇激素在软体动物性别分化、性腺生长、配子发生、产卵量和生殖能力的作用得到了验证。介导类固醇类激素活性的雌性激素受体的直系同源物在软体动物的主要代表类群之中都能找到，如紫贻贝、太平洋牡蛎、加州海兔（*Aplysia californica*）和真蛸（*Octopus vulgaris*）。

第一节　GnRH 样神经肽对贝类生殖活动的影响

一、GnRH 样神经肽的发现

Mathieu 等第一个进行了软体动物 GnRH 样神经肽的研究，他们从紫贻贝脑神经节和血淋巴液的提取物中分离到一种神经因子，分子质量小于 5kDa，能够促进 [³H]胸腺嘧啶核苷掺入，从而促进性腺细胞的有丝分裂。随后，同一组研究证明 GnRH 神经肽也可能影响紫贻贝和太平洋牡蛎性腺细胞的有丝分裂，并且在紫贻贝中枢神经系统发现了 GnRH 样神经元（图 7-1）。GnRH 信号可能通过与 GnRH 受体同源的膜受体转导进入细胞。经质谱证实太平洋牡蛎的中枢神经系统有两个 GnRH 样神经肽（酰胺十一肽 pQNYHFNSNGWQP-NH₂，Cg-GnRH-A 和非酰胺十肽 pQNYHFNSNGWQPG，Cg-GnRH-G）。然而，GnRH 样受体对鉴定出的内源性牡蛎 GnRH 样神经肽的特异亲和力尚未得到证实。

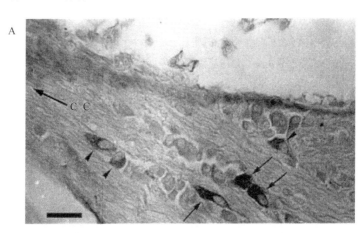

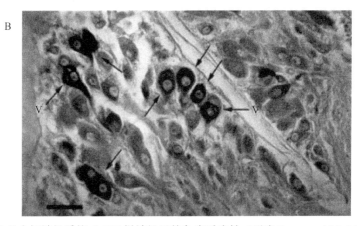

图 7-1　紫贻贝中枢神经系统 GnRH 样神经元的免疫反应性（引自 Pazos and Mathieu，1999）

A. 脑神经节（CC，指向大脑连合的方向）的强染色细胞（箭头）和弱染色细胞（箭头的头部）；
B. 足神经节中的免疫反应细胞（箭头）。两种染色细胞均出现液泡（V）。比例尺：20μm

二、GnRH 样神经肽促进性腺细胞有丝分裂

在虾夷扇贝（*Paticopecten yessoensis*）中，Nakamura 等报道了扇贝性腺中 GnRH 样神经肽在扇贝性腺的中枢神经系统调控发育中出现。由抗哺乳动物 GnRH（m-GnRH）抗体检测

出的 GnRH 神经元分布在扇贝的中枢神经系统，而在性腺没有发现免疫阳性 GnRH 神经纤维，并且从中枢神经系统和 m-GnRH 提取的神经因子强烈刺激了体外精原细胞的有丝分裂。由于 m-GnRH 抗体的吸收，以及 m-GnRH 特异性拮抗剂的竞争，神经因子和 m-GnRH 的反应被终止。这种干扰 GnRH 作用于 GnRH 样受体，表明存在内源性 GnRH 样神经肽和 GnRH 样受体。将两种 m-GnRH 的拮抗剂分别应用于 m-GnRH 和脑和足神经节（cerebral and pedal ganglia，CPG）提取物的培养基中，两种 m-GnRH 拮抗剂抑制了 CPG 提取物对精原细胞增殖的影响。同样，m-GnRH 对精原细胞增殖的促进作用受到两种拮抗物的竞争性干扰（图 7-2）。并且，在血细胞裂解液发现了与神经因子和 m-GnRH 相同的有丝分裂活动，而在血清中没有。这些结果表明，神经因子与 m-GnRH 具有相似的抗原性，并且这些因子的功能可能是通过神经内分泌通路下精巢中的 GnRH 样受体进行调节。

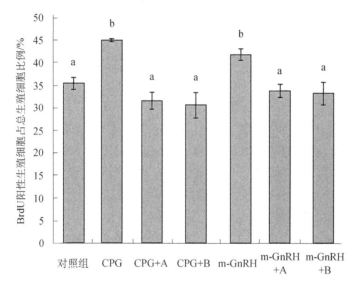

图 7-2 将两种抗 m-GnRH 的拮抗剂（浓度为 1×10^{-6} mol/L），即抗排卵肽（A）和[D-pGlu^1, D-Phe^2, D-Trp^{3,6}] GnRH（B），应用于 m-GnRH 和 CPG 提取物的培养基中，研究它们对虾夷扇贝精原细胞增殖的影响。每个值代表平均值+SE（$n=3\sim4$）。不同字母表示差异显著（$P<0.05$）（引自 Nakamura et al.，2007）

　　虾夷扇贝和太平洋牡蛎 GnRH 样神经肽的 cDNA 序列全长（即 py-GnRH 和 cg-GnRH）已经被克隆出来。这两种双壳贝类的 GnRH 样神经肽序列与章鱼 GnRH 样神经肽（oct-GnRH）及加州海兔 GnRH 样神经肽（ap-GnRH）有较高的相似性。与其他软体动物相同，这两种双壳贝类中焦谷氨酸残基 N 端后插入额外的二肽（图 7-3）。合成预测的 pQNFHYSNGWQP-NH$_2$ (py-GnRH-P-NH$_2$)，即酰胺十一肽，可以刺激扇贝精巢组织培养和精原细胞的增殖。然而，这种多肽未能诱导鹌鹑垂体黄体生成素（LH）的释放，这表明软体动物 GnRH 可能保留着一种与其他动物类似的基础分子结构，但可能无法与脊椎动物受体结合。

		信号肽	GnRH肽及其裂解序列	

```
双壳类 ┌ py-GnRH(AB486004)  1 ------MSSYTQILVAQLLLAGLLVAVVS-G  QNFHYSNGWQPGKR-  GAP sequence 104
      └ cg-GnRH(HQ712119)  1 ------MKVSPCTQVIVMVLTLG--LLCEVH-A  QNYHFSNGWQPGKR-  GAP sequence 91
头足类 ┌ oct-GnRH(AB037165) 1 MSATASTTSSRKMAFFIFSMLLLSLCLQTQA  QNYHFSNGWHPGGKR  GAP sequence 90
      └ ue-GnRH(AB447557)  1 MSTSPVTSTLRRMVFLTCAIFLLSLCMQTQA  QNYHFSNGWHPGGKR  GAP sequence 91
腹足类 ┌ ap-GnRH(EU204144)  1 -MACRITSATTTLFSILLLIVIAELCS---A  QNYHFSNGWYAGKR-  GAP sequence 148
      └ lg-GnRH(FC805608)  1 ------MMPVPLKYFGLALTLALVTELAVG  QHYHFSNGWKSGKR-  GAP sequence 108
        m-GnRH(EAW63591)  1 ---MCLRMKPIQKLLAGLILLTWCVEG-CSS  Q--HWSYGLRPGGKR  GAP sequence 97
```

	假设功能
py-GnRH	精原细胞增殖，类固醇生成
oct-GnRH	类固醇生成，脑功能
ap-GnRH	行为

图 7-3　从软体动物 GnRH 的编码 DNA 推断出的氨基酸序列和功能（引自 Osada and Treen，2013）

同源性分析由 CLUSTALW2 创建，方框中的加粗黑体表示保守氨基酸，方框表示具有裂解位点的 GnRN 多肽序列，并标示了信号肽和间隙区域。EMBL/基因库进入代码：（虾夷扇贝）*Patinopecten yessoensis*：py-GnRH（AB486004）；（太平洋牡蛎）*Crassostrea gigas*：cg-GnRH（HQ712119）；（章鱼）*Octopus vulgaris*：oct-GnRH（AB037165）；（海蜗牛）*Aplysia californica*：ap-GnRH（ABW82703）；（霸王莲花青螺）*Lottia gigantea*：lg-GnRH（PC805608）；（剑尖枪乌贼）*Uroteuthis edulis*：ue-GnRH（AB447557）；（人）*Homo sapiens*：m-GnRH（EAW63591）

三、GnRH 样神经肽在生殖过程中的作用

从 GnRH 在无垂体软体动物生殖中的作用来看，GnRH 可以通过调节性腺类固醇生成来参与精原细胞的增殖。扇贝卵巢和精巢的内外腺泡壁都发现了雌激素合成细胞的存在，它们的位置与精巢间质细胞和精巢支持细胞相似。oct-GnRH 刺激了章鱼精巢和卵巢中孕酮、睾酮和雌二醇（E_2）的产生，因为章鱼的卵巢发育与性类固醇激素波动有关，由此证明了 oct-GnRH 在生殖过程中的作用。芳香化酶活性和 E_2 含量随生殖进程同步增加。oct-GnRH 能够诱导睾酮、孕酮和雌激素的合成。由于 py-GnRH 和 E_2 诱导精原细胞的增殖受雌激素受体拮抗剂阻断，所以 py-GnRH 有可能通过诱导雌激素的合成来促进精原细胞的有丝分裂。这表明精原细胞的增殖可能是通过 py-GnRH 诱导 E_2 合成来调控的（图 7-4）。

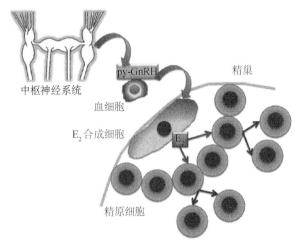

图 7-4　py-GnRH 诱导双壳类精原细胞增殖的传导机制（引自 Osada and Treen，2013）

大脑神经节前叶分泌的 py-GnRH 被输送到循环系统的血细胞中，被雌激素细胞接收，刺激了雌二醇的分泌，诱导精原细胞的增殖

四、GnRH 样神经肽的生理功能

除了精原细胞的增殖，软体动物 GnRH 样神经肽还具备多种生理功能。在章鱼的中枢神经系统和外周器官中有 oct-GnRH 免疫阳性神经纤维，表明 GnRH 不但是生殖因子，而且可以作为控制大脑高级功能的调节因子，oct-GnRH 调节了心脏和输卵管的收缩。

海兔体内 GnRH 样神经肽存在多种形式，除了 ap-GnRH，还新发现了 ap-AKH 与 AKH/RPHC，它们能抑制摄食导致体重和性腺质量下降。分布在中央组织的 ap-GnRH 是一个行为调节器，控制着疣足、足和头部运动这些行为属性，并不触发性腺发育和产卵激素（ELH）的分泌。给扇贝性腺注射 py-GnRH 可加速精子生成和精巢质量增加，反过来抑制了卵母细胞发育与凋亡，这意味着雄性化的表型发生改变。

第二节　5-羟色胺对贝类生殖活动的影响

5-羟色胺（5-HT）神经元在足神经节、脑神经节和邻近内脏神经节的副神经节得到免疫识别，且发现 5-HT 神经纤维分布在生殖道和生殖腺泡外。5-HT 神经元和神经纤维的位置有力地支持了内源 5-HT 对性腺生殖过程的调节。在无脊椎动物中，已经观察到 5-HT 调节生殖内分泌系统、卵母细胞成熟和精子活力。

一、5-HT 能诱导产卵

在虾夷扇贝（*Patinopecten yessoensis*）中第一次探究了特定神经分泌物质和产卵的关系。研究发现外源性 5-HT 强烈诱导扇贝产卵，并且在双壳贝类的产卵机制中发挥重要作用。在贝类的性成熟过程中，用紫外线照射海水，5-HT 的功能增强，表明 5-HT 的敏感性可能随卵子成熟增加。Osada 等证实虾夷扇贝在紫外线照射的海水中产卵后，中枢神经系统和性腺中多巴胺含量显著下降，刺激 5-HT 释放，从而诱导产卵；其他品种扇贝，如智利扇贝（*Argopecten purpuratus*），热刺激诱导的产卵反过来又导致中枢神经系统、肌肉和性腺中的多巴胺、去甲肾上腺素和 5-HT 水平的变化。

二、5-HT 受前列腺素调节

性腺中前列腺素 F2α（PGF2α）和前列腺素 E$_2$（PGE$_2$）水平的季节性变化与生殖周期密切相关，表明 PGF2α 和 PGE$_2$ 可能参与了扇贝的性成熟及产卵。

据报道，性腺中 PGF2α 和 PGE₂ 在雌性产卵时显著减少，在雄性射精时反而增加。这表明 PG 分别是扇贝性腺组织 5-HT 诱导卵释放的抑制神经调质和 5-HT 诱导精子释放的加速神经调质。在体外实验中，PGF2α 显著抑制了卵巢组织中 5-HT 诱导卵释放，并且 PGF2α 增强了 5-HT 的作用，说明 PGF2α 和 PGE2 分别扮演了 5-HT 诱导卵释放的抑制剂和加速剂。综上所述，PGF2α 极有可能是卵子释放的抑制神经调质，是精子释放的加速神经调质。

三、5-HT 受类固醇调节

由于雌激素的季节性变化和配子生成及卵黄生成加速相关，雌激素被认为是双壳贝类配子生成的刺激物。在 5-HT 诱导卵释放前，用雌激素预处理扇贝卵巢片，可以观察到扇贝中雌激素对 5-HT 诱导卵释放的促进作用。Osada 等报道了在药理实验中，E₂ 诱导的 5-HT 受体在扇贝卵母细胞膜的表达，发现 5-HT 明显诱导了卵释放，而 E₂ 和放线菌素 D 单独对诱导卵子释放没有影响。E₂ 与 5-HT 共同孵育卵巢组织显著促进了卵释放。放线菌素 D 抑制了 E₂ 对 5-HT 诱导的卵释放的促进作用，其水平与没有 E₂ 孵育只有 5-HT 孵育时相同（图 7-5）。

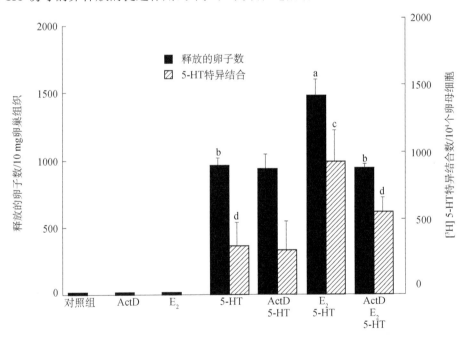

图 7-5　雌二醇和放线菌素 D 对 5-HT 诱导的卵子释放的效果（引自 Osada et al.，1998）
2×10⁴ 个卵母细胞与 0.3μmol/L [³H] 5-HT 孵育。每个值代表平均值±SE（$n=3$）。a 与 b 差异显著（$P<0.005$）。c 与 d 有显著性差异（$P<0.01$）。ActD 代表放线菌素 D

四、5-HT 诱导卵母细胞成熟

5-HT 充当神经激素，直接介导前期停滞的卵母细胞的减数分裂再生，作为从大西洋浪蛤（*Spisula solidissima*）、北寄贝（*Spisula sachalinensis*）、太平洋牡蛎和菲律宾蛤仔（*Ruditapes philippinarum*）分离的卵母细胞的生发泡破裂（GVBD）的证据。在扇贝中，由于生殖上皮脱离后细胞溶解，不可能从卵巢组织分离卵母细胞。在 5-HT 处理的卵巢组织石蜡切片中观察到破裂的卵母细胞具有剂量依赖性，这与 5-HT 诱导卵子释放的变化相同（图 7-6）。这些结果表明，5-HT 在产卵中的主要作用是诱导卵母细胞成熟。

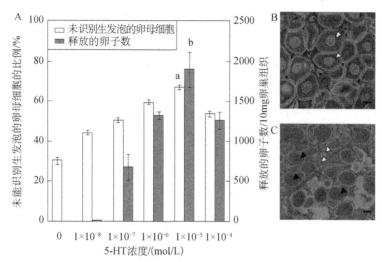

图 7-6　A. 不同浓度的 5-HT 对虾夷扇贝卵母细胞成熟诱导和卵子释放的影响；B. 在无 5-HT 孵育的卵巢组织切片可见生发泡（白色箭头）；C. 在 5-HT 孵育的卵巢组织切片可见梭形纤维（黑色箭头）和少量生发泡（白色箭头）。（引自 Tanabe et al.，2006）

a 与 b 有显著性差异（$P<0.05$）。每个值表明平均值±SE（$n=4$）

五、5-HT 受体分布在生殖细胞的细胞膜表面

在软体动物中，利用分子克隆对 7 个 5-HT 受体的主要结构进行了辨认。从腹足类池塘静水椎实螺和海兔的中枢神经系统和生殖系统克隆了 6 个 5-HT 受体的 cDNA。从扇贝卵巢中分离了编码假定 5-HT 受体的全长 cDNA，为 5-HT_{py}。基于分子结构、同源性搜索和系统发育分析，将 5-HT_{py} 归类于脊椎动物羟色胺受体 5-HT_1 亚型。5-HT_{py} 具有基因编码区内含子缺失、第三特征环相对较长以及第四内端结构域短的特征，使其成为 5-HT 受体的祖先，是 5-HT_1 受体家族一员，与 G 蛋白结合的可能性高。有趣的是，在雄性和雌性性腺的精子细胞、卵母细胞和生殖道纤毛上皮任何周围组织以及神经系统，普遍可以观察到阳性的 5-HT_{py} 信号（图 7-7）。这些结果表明，卵母细胞成熟、精子活力、成熟卵母细胞及精子通过生殖道纤毛上皮运输，均可以由 5-HT_{py} 进行调控。在卵巢组织中 5-HT_{py} 基因的表达被 E_2 显著上调，支持了药理实验结果。

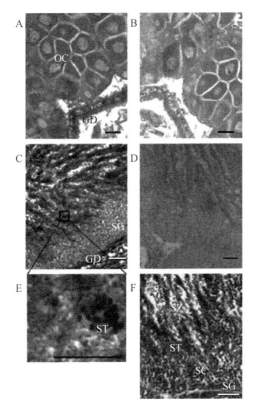

图7-7　扇贝卵巢和精巢 5-HT$_{py}$ mRNA 的定位（引自 Tanabe et al.，2010）

卵巢组织与反义（A）或正义（B）地高辛标记的 5-HT$_{py}$ cRNA 探针杂交。精巢组织与反义（C，E）或正义（D）地高辛标记的 5-HT$_{py}$ cRNA 探针杂交或者伊红染色（F），E 为 C 的放大图。OC. 卵母细胞；GD. 生殖管；SG. 精原细胞；SC. 精母细胞；ST. 精子细胞；SZ. 精子。比例尺：E 为 10μm 和 A～D，F 为 20μm

第三节　性类固醇激素对贝类生殖活动的影响

研究表明性类固醇激素参与了贝类的生殖调控，在贝类的性腺发育、配子发生、配子排放过程中发挥重要作用，并对贝类的性别决定和性别比例产生影响。

一、性类固醇激素在性腺发育过程中的作用

在不同性别的贝类中均能检测到雌激素和雄激素的存在，这说明雌激素和雄激素在贝类精巢和卵巢发育过程中均发挥作用。研究者在多种软体动物生殖周期过程中，对性腺或软体组织中雌二醇、睾酮和孕酮等高活性的性类固醇激素水平变化进行了研究。结果表明，在太平洋牡蛎、葡萄牙牡蛎、缢蛏（Sinonovacula constricta）、浅沟蛤（Scrobicularia plana）和紫贻贝等多种软体动物中，雌激素在雌性个体中含量比较高，而雄激素在雄性个体中含量比较

高。这些研究暗示软体动物中的性类固醇激素可能与性别和生殖有关。但是，在虾夷扇贝、沟纹蛤仔（*Ruditapes decussates*）和砂海螂（*Mya arenaria*）等贝类，雌雄性腺中性类固醇激素的含量并无显著性差异或差异很小。尽管部分软体动物中性类固醇激素含量并无显著性差异，但几乎所有软体动物中性类固醇激素的含量都随生殖周期发生季节性变化，并且在性腺成熟和配子排放阶段达到高峰。例如，在检测紫贻贝性腺中孕酮含量的周年变化时，发现孕酮含量在排卵时节（6月）达到最大值；研究发现太平洋牡蛎和虾夷扇贝卵巢中雌二醇含量与卵细胞直径和性腺指数的变化趋势相同。研究者以栉孔扇贝（*Chlamys farreri*）为研究对象，检测繁殖周期内源激素水平的变化，发现性腺发育中精巢组织中睾酮由低到高达到一个峰值后降低；卵巢组织中雌二醇水平明显高于精巢，并在成熟期达到最高值，排卵后迅速下降，与性腺发育周期变化相一致。这种显著的相关性预示性类固醇激素可能在贝类性腺发育过程中发挥着重要的生理功能。

二、性类固醇激素在性别决定中的作用

注射或浸泡性类固醇激素，可诱导软体动物发生性逆转或出现雌雄同体现象。向生殖周期早期阶段的太平洋牡蛎中注射 E_2，可诱导雄性个体性逆转成为雌性个体。向早期发育阶段的海扇贝（*Placopecten magellanicus*）闭壳肌中注射睾酮和脱氢表雄酮（DHEA），可诱导雄性个体比例数升高；向虾夷扇贝注射 E_2、孕酮和睾酮可促进其性别分化过程，诱导性腺出现形态学上的分化。性类固醇激素也可促进海扇贝性别分化过程，使性别分化个体数量增加。此外，性类固醇激素还可通过促进糖原、脂质和蛋白质的合成，从而为性别分化过程提供充足的前体物质和能量。

三、性类固醇激素在配子发生及配子排放中的作用

激素处理可导致贝类性腺重量增加，雌性配子直径变大。研究者发现，注射 E_2 可以促进太平洋牡蛎、紫贻贝和海扇贝卵巢中卵黄蛋白的合成及卵细胞的成熟和发育，而注射睾酮则会抑制海扇贝卵细胞的发育。E_2 可诱导出现直径过大的卵母细胞，而睾酮导致卵母细胞发生降解。卵黄合成作用是卵子发生过程中最重要的生理活动，而性类固醇激素参与调控软体动物卵黄合成过程；E_2 可促进太平洋牡蛎、砂海螂、虾夷扇贝、棱纹贻贝（*Ribbed mussels*）和菲律宾蛤仔等贝类中卵黄蛋白原（Vg）基因表达和卵黄蛋白原的合成。使用不同浓度的 E_2 处理不同发育时期的紫贻贝发现，用低浓度（5ng/L 和 50ng/L）E_2 处理配子发生早期阶段的紫贻贝，可促使 Vg 表达量显著提高，但是高浓度（200ng/L）的 E_2 则不能促进 Vg 的表达；当使用配子发生后期阶段的紫贻贝作为实验对象时，低浓度和高浓度的 E_2 均不能促使

Vg 基因表达量提高。这些研究表明，E₂ 可促进贝类卵黄合成过程，这种促进作用依赖于合适的激素浓度和贝类的发育阶段。

研究发现 E₂ 可增强 5-HT 诱导配子排放的作用。5-HT 可诱导剪成小块的虾夷扇贝卵巢排放卵，而 E₂ 可以增强 5-HT 诱导排放的作用。海扇贝中性类固醇激素也有类似的体外诱导排放效应。为了研究性类固醇激素对活体海扇贝配子排放的影响，研究者向成熟期的性腺中注射 E₂、孕酮和睾酮后，观察配子开始排放的时间以及配子排出的数量，结果与体外实验相似。通过增强 5-HT 的作用，E₂ 和孕酮能够诱导雌雄配子的排放，而睾酮只能诱导雄性配子的排放。据报道，使用添加 E₂ 的河水培养平角卷螺（*Planorbarius corneus*）和田螺（*Viviparus viviparus*），能够使两种螺配子排放期持续时间延长，但是对每次排放的配子数量没有影响。

第四节　贝类的性别调控

贝类的生物学和经济学性状（如生长率、体色、体型和个体大小等）往往与雌雄性别相关，因此在准确进行性别判定的基础上进行的性别控制研究，可以有目的地培育单性贝类苗种，提高养殖品种的优良性状及抗病能力，提高贝类养殖的经济效益。贝类分类地位较低，性别决定机制复杂，且与环境条件密切相关。

一、性别类型

海产双壳类的性别类型，一般划分为三种：一为雌雄异体，大部分双壳类都属于此类；二为一生中没有性转换的雌雄同体，如大扇贝（*Pecten maxims*）、光滑蓝蛤（*Aloidis laevis*），精巢和卵巢有一分界，各自有生殖管输送生殖产物；三为生活周期的某阶段出现性反转，并有短时的雌雄同体现象，如牡蛎、贻贝、珠母贝等。

生物的性别由三个连续的步骤决定：第一步发生于受精时，即取决于个体的性别决定基因或性染色体的组成，此时的差异从根本上决定了个体的遗传性别；第二步发生于胚胎发育早期，这一阶段决定了生殖腺原基是分化为精巢还是卵巢；第三步是生理性别向表型性别转化，主要由激素来决定个体具体的表型特征。

二、性别决定与性别分化

生物体性别的形成主要取决于两个过程：即性别决定（sex determination）与性别分化（sex

differentiation）。性别决定是胚胎发育时期一个尚未分化的胚胎性腺，确定发育成睾丸或卵巢的过程。它是雌雄异体生物决定性别的方式，由遗传、环境、生理等因素的相互作用确定性别的发育趋向。性别分化是指个体性腺性别和表型性别的发育过程，也就是遗传性别发育成表型性别的过程。它是多种性别决定相关基因参与的复杂过程，任何环节异常均可导致性别的异常分化。

生物体的性别决定与分化机制大致可以分为两大类：一类为遗传决定机制（genetic sex-determination system，GSD），即遗传因素决定性别，如哺乳动物、鸟类；另一类为环境决定机制（environmental sex-determination system，ESD），即初始的性别决定信号来自周围环境，如部分爬行动物和部分鱼类。前者主要指性染色体和性别决定基因的调控；后者主要是环境因子等外因的作用。而一些鱼类和两栖类则属于 GSD 和 ESD 混合型。

1. 性染色体

脊椎动物和一些较高等的无脊椎动物的性别是由异型性染色体决定的，如 ZO 型、ZW 型、XY 型等。贝类的性染色体没有分化或者分化不明显，且不同物种间差异较大。例如，一些腹足类具有类似于哺乳动物的 XY 型系统；荔枝螺（*Thais clavigera*）具有 X/O 型系统；砂海螂具有类似于果蝇的 X-常染色体平衡机制；马氏珠母贝的染色体数为 $N=14, 2N=28$，但来自不同种群的马氏珠母贝核型分析相差较大，且未发现异型性染色体。贝类具有复杂的性别决定与分化调控机制，性染色体的调控可能不是贝类性别决定与分化的关键因素。

2. 性别决定基因

性别决定和分化涉及多基因活动的复杂发育调控，相关基因被称为性别决定与分化基因（sex-determination and differentiation gene），如 *Sox-3*、*Sox-9*、*Wnt4*、*Zfy* 和 *Dmrt1* 等，但大多数基因在各物种中的保守性较低，而 *Sox* 和 *Dmrt* 两个基因家族在线虫、果蝇、斑马鱼、小鼠、贝类等生物中却表现出高度的保守性。

3. 性别决定模型的探索

尽管贝类性别决定的分子机制还不清楚，但是基于美洲牡蛎（*Crassostrea virginica*）5 个家系的性别比例分析，人们提出了一个"三等位基因决定性别模型"（three-loci model），即认为每个位点有两个额外的等位基因，一个负责形成雄性（m），另一个负责形成雌性（f），而 m∶f 的数值最终决定了性别。

另有报道认为，太平洋牡蛎的性别决定和分化属于"单位点性别模型"（single-locus model），即太平洋牡蛎具有一个显性的雄性等位基因（M）和一个雄性先熟的隐性雌性等位基因（F）。因此 FM 个体是真正的雄性个体；而 FF 个体是雄性先熟的雌性个体，并能够发生性转换（图 7-8）。

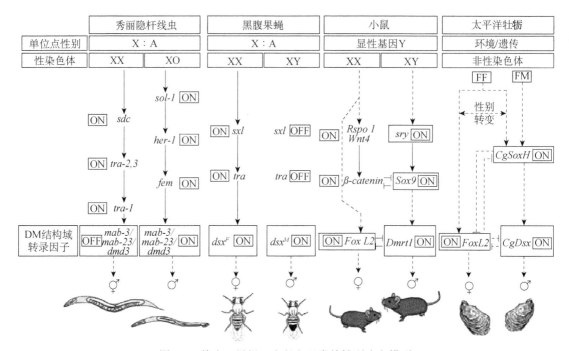

图 7-8　线虫、果蝇、小鼠和贝类的性别决定模型

───▶ 和-----▶表示诱导或促进；┤ 和 ┤表示抑制；实线表示已证实，虚线表示暂时的或推测的

4. 环境对性别决定和分化的影响

水产动物性别决定的方式相对较原始，环境因子对性别决定起非常重要的作用，如温度、营养条件、群体性别构成和内分泌因子（激素等）。

（1）温度

温度可影响一些物种的性别决定与分化，这种现象称为"温度依赖型性别决定"（TSD）。温度依赖型性别决定广泛分布于动物界，包括无脊椎动物的轮虫、线虫、甲壳动物、贝类、爬行动物和鱼类等。在 TSD 型动物中，温度只能在一个关键时期影响性别决定和性转换，这个时期叫作热敏期（thermo-sensitive period，TSP）。

环境温度能够影响水产动物的性别分化和性腺发育，改变群体中的雌雄比例。总的趋势是高温有利于雌性化，而低温则有利于雄性化，具体情况因种类而异。例如，美洲牡蛎第一次性成熟时，在较寒冷地区雄性占 70%～80%，而较温暖地区，雌性占 95%以上。当环境温度为 20.0～29.3℃时，贻贝雌雄比例相当；随着水温下降，雄性比例上升；当月平均水温为 13.2～19.9℃时，贻贝雄性比例最高。马氏珠母贝也有类似现象，水温升高，雌贝占优势；水温降低，雄贝比例有所提高。

温度诱导水产动物性别分化的机理尚处于探索中。一种可能的原因是，原始生殖腺由皮质和髓质两部分构成，具有很强的可塑性，既有向雄性发育的潜能，也有向雌性发育的潜能。如果皮质部得以发育，将形成雌性的卵巢，最终成体为雌性；反之，如果髓质部得以发育，将形成雄性的精巢，最终成体为雄性。究竟是髓质还是皮质部得以发育，既取决于遗传因素，也受环境因素影响，其中温度可能影响了皮质和髓质的发育。

（2）营养条件

在环境因子对性转换的影响中，营养条件有较强的效应。将雌雄牡蛎的鳃切除 1/3 以减少其获得营养物质机会，放养在海水中，发现在群体中雄性占优势。僧帽牡蛎（*Ostrea cucullata*）在良好的营养条件下，群体中雌贝所占比例明显增高；而在营养条件差时，雌性僧帽牡蛎会经雌雄同体转变为雄性，群体中雄性所占比例增高。也有报道证明，好的营养条件可促进珠母贝由雄性转变为雌性。

（3）群体性别构成

把雌性僧帽牡蛎单独放养在水槽中，它们有慢慢变成雌雄同体的倾向，以后可以变成雄性；对雌雄马氏珠母贝进行人为的群体隔离，有利于雌性个体向雄性转化，也有利于雄性个体向雌性转化，直至群体内的性比例趋于平衡。说明性转换还受到群体性别构成因素的影响。

（4）激素

贝类的性别决定与分化受激素的调控，如甲睾酮、睾丸素（testosterone）和脱氢表雄酮（DHEA）可使太平洋牡蛎和大西洋扇贝等贝类向雄性发育；而 17β-雌二醇等则可使太平洋牡蛎和大西洋扇贝向雌性发育。

第八章 环境内分泌干扰物对
生殖活动的影响

环境内分泌干扰物（endocrine disrupting chemical，EDC），是指在维持体内平衡和调节发育过程中，干扰生物正常激素的合成、释放、转运、代谢、结合与消除，或在未受损伤的生物或其后代中引起不良健康效应和内分泌功能改变，对生殖、神经和免疫系统等功能产生影响的一类外源性化学物质。

全世界制造的化学物质共约 1000 万种，其中 7 万～8 万种被人类直接使用。其中对人体健康有直接影响的化学物质有 200 多种，包括：以二氯二苯三氯乙烷（DDT）为代表的含有机氯的农药；以甲基苯、苯胺、酚、烷基类、硝基类化合物为基础的化工产品，如合成洗涤剂、消毒剂、食物防腐剂、饮料包装的内壁涂料、建筑材料、室内装修材料等；含有苯酚、苯胺、苯醌类物质的提高肥料利用率的硝化抑制剂、脲酶抑制剂；聚氯乙烯、聚苯乙烯、高分子合成树脂及农用塑料的制品；部分石油制品；重金属如汞、镉、铅等。此外，还有一些现代农业开发利用的动植物激素，它们大多与雌激素具有类似功能。

在环境中 EDC 虽然浓度小，但其污染范围广，而且难降解，可致癌、致畸、致突变，并具有蓄积和生物放大等作用。EDC 可随营养层级而积累、富集，因而对高营养层级的有机体影响更为严重。对动物，尤其雄性动物的影响尤其显著，可导致生殖、发育、神经系统异常，免疫系统缺陷等。EDC 具有模拟激素的能力，一般通过以下机制产生作用：①通过模拟或拮抗内源性激素，影响下游通路；②改变激素结合蛋白的数量或活性；③干扰内源激素的合成和代谢；④干扰激素受体水平。

近年来，由于环境污染加剧，EDC 对人类、哺乳动物、水生生物健康和生态环境平衡的影响引起广泛关注。其中超过 100 种内分泌干扰物存在高度或中度暴露，并以雌激素类干扰物为甚，它们中一些自然存在于植物和真菌中，另一些则是在农业和工业化学品中存在的人造副产品。相对于大多数显示雌激素效应的 EDC，在自然界中发现的雄激素化合物很少，但近年研究发现，水体环境中显示出抗雄激素效应的化合物数量正在不断增加，如某些氯化杀虫剂、杀菌剂、DDT 等。这些 EDC 通过废水排放、地下水径流等途径在土壤、水环境中富集，或沉积在河床底部，然后被水生动物通过多种途径，包括鳃、皮肤、肠摄取，影响水生动物的多种生理功能。由于生殖发育是一种持续过程，因此更易受到 EDC 的影响。

第一节　环境内分泌干扰物对鱼类生殖活动的影响

作为脊椎动物最大类群，鱼类受 EDC 的毒害表现为多方面，包括捕食能力的减弱，学习能力的下降，免疫功能降低，群体内社会等级制度的改变，以及因雌激素的代谢平衡被干扰而导致的在中枢神经系统、糖代谢、骨骼肌强度、脂代谢以及血管功能等方面产生的诸多影响。综合主要表现为生殖毒性、遗传毒性、免疫毒性和蓄积毒性。其中以生殖毒性危害最大，对水生态系统的破坏性也最强。

内分泌干扰物的毒性效应取决于多种因素，包括暴露剂量、暴露时间、暴露物种、暴露阶段（受精卵、胚胎期等），并且受到环境因子如温度、盐度和环境中的其他污染物的影响。

EDC 对鱼类的生殖毒性主要表现为生殖器官、生殖机能和生殖行为异常，如雄鱼产精量和雌鱼产卵量下降、性腺减小以及雌鱼雄性化或雄鱼雌性化等（表 8-1），主要通过下丘脑-腺垂体-性腺轴途径影响性类固醇激素的合成与分泌，进而影响动物的繁殖。

表 8-1　内分泌干扰物对鱼类生殖生理的影响

EDC	鱼类种类	损害情况
避孕药残余物（含 17α-乙炔基雌二醇）	虹鳟	幼鱼血液中有大量卵黄蛋白质，出现卵巢发育早熟现象
表面活性剂分解产物（含壬基苯酚）	虹鳟	诱导幼鱼早熟，使体内卵黄蛋白原及其 mRNA 增加
开采石油污染物（含烷基苯酚）	鳕	影响肝脏、血液和性腺的脂肪酸组成
重金属污染物（含铜、锌、铅、汞等）	鲟	精子活动力降低
氯漂白纸浆废水（含有含氯脂肪酸）	鲈	影响脂类代谢（含氯脂肪酸同化进入硬脂酸和油酸中）
酞酸盐酯化合物（雌激素作用）	大西洋鲑	诱导幼鱼卵黄蛋白原合成
生活污水（含雌激素类化合物）	鲍	6%～15%鲍雌雄间性（即雄鱼雌性化）
非生物产生的化合物（含壬基苯酚）	罗非鱼	阻抑雄鱼性腺发育，血液 GtH 含量降低
	大西洋鲑	刺激幼鱼 GtH mRNA 合成，干扰 GtH 合成与释放的神经内分泌调节
异生性雌激素	鲽	刺激雄鱼合成卵黄蛋白原

一、EDC 对生殖行为的影响

性类固醇激素几乎在繁殖的所有阶段中起重要作用，包括介导性别分化、性腺生长、成熟和生殖行为。EDC 通过破坏性类固醇激素的合成与分泌，影响鱼类的繁殖功能。

EDC 中，雌激素或其类似物对雄性鱼类繁殖行为的干扰尤为严重。研究表明 EDC 影响脑性别分化，进而干扰正常的性别特异性繁殖行为。例如，EDC 通过非受体途径改变性类固醇激素的合成途径（激素合成酶、激素运输和代谢等），干扰脑与性腺中的细胞色素 P450 芳香化酶活性，进而影响硬骨鱼类性腺的分化和发育；药物氟他胺（flutamide，FL）和真菌杀菌剂乙烯菌核利（vinclozolin）可以和雄激素受体结合并阻遏下游基因转录，导致鱼类性分化异常与雄性体征的丧失。

性成熟后，硬骨鱼类展现出性别特异性的繁殖行为，包括求偶、筑巢、交尾以及配子的排放等。在亚致死剂量范围内，EDC 使孔雀花鳉（Poecilia reticulata）雄性体征丧失，精子产量下降，求偶行为受到显著抑制；雄性黑头呆鱼（Pimephales promelas）、雄性三刺鱼（Gasterosteus aculeatus）的护卵或筑巢行为受到干扰，如外源 17α-乙炔基雌二醇推迟三刺鱼起始筑巢时间，降低黏液分泌及筑巢频率，减弱鱼巢保护行为。在鲤科鱼类，甲基睾酮可增强嗅觉对前列腺素的反应，增强斑马鱼、金鱼等求偶行为。EDC 也会影响鱼类的繁殖成功率，这种影响取决于作用剂量、时间与鱼类性别。EDC 还可能影响鱼类的繁殖成功率，如雌二醇使雄性黑头呆鱼繁殖功能明显下降，但不对雌性黑头呆鱼产生影响，影响取决于作用剂量、时间与鱼类的性别。

雄性鱼类的攻击行为通常与血液中的性类固醇激素，特别是雄激素相关；而攻击行为、护域行为和社会层级则是追求配偶、繁殖成功的重要保证。实验证实，EDC 也影响鱼类的其他行为，如硬骨鱼类的社会分级行为和攻击行为，并间接影响繁殖行为与繁殖的成功率。一定浓度的雌激素使雄性黑头呆鱼、三刺鱼频繁地失去领地，对其他雄鱼的攻击行为明显减弱。从幼年到成熟期，雌激素可减弱处于高社会层级的雄性斑马鱼的攻击行为，但可提高处于低社会层级的雄性斑马鱼的攻击行为。

二、EDC 对繁殖的影响

研究表明，EDC 通过模拟性类固醇激素受体激动剂或拮抗剂的作用，与雌激素或雄激素受体结合，干扰硬骨鱼类的性类固醇激素合成、分泌，干扰程度取决于物种、性别、作用浓度与持续作用时间。

性类固醇激素受体结构在脊椎动物中高度保守，且其受体对于配体的化学结构不具备特异选择性。因此，EDC 在水环境中富集并充当配体物质，影响性类固醇激素受体基因的表达，进而调节靶器官对性类固醇激素的接受能力，或干扰下游通路的激活。研究表明，雌激素、壬基酚（NP）和双酚 A（BPA）等是激活雌激素受体的有效诱导剂，5α-双氢睾酮（DHT）和 17α-甲基睾酮（MT）则具有激活雄激素受体的能力。因此，诸多处于工业废水污染水域的野生雄鱼表现出雌性化趋势，或雌鱼表现出雄性化特征。暴露于高水平烷基酚及造纸厂下游水域的鲤芳香化酶活性被显著抑制；在临近农业地区的水域中，野生鲤（Cyprinus carpio）卵巢成熟被延迟且芳香化酶活性下降，雄性睾酮和雌二醇葡萄糖醛酸化减少，表明此水环境降低了鲤雌激素的合成及性类固醇激素的清除率。

实验发现，EDC 可通过影响下丘脑-垂体-性腺轴功能调控性类固醇激素的合成与分泌。乙炔基雌二醇显著下调雄性日本青鳉脑中 GnRH-Ⅰ型受体（*gnrhr-Ⅰ*）与精巢芳香化酶 17（*cyp*17）基因的表达水平，且脑中雄激素受体基因的下调伴随性行为的显著抑制；17β-去甲雄三烯醇酮上调脑中 GnRH-Ⅱ型受体（*gnrhr-Ⅱ*）基因与卵巢芳香化酶 *cyp19a* 的基因表达。随着基因定量表达与转录组学的应用，越来越多的基因与作用通路被发现，EDC 的潜在目标位点范围也被扩大。

在水生动物，卵黄蛋白原（Vg）是与卵母细胞发育密切相关的雌性特异性表达物质，通常在雄性硬骨鱼类体内含量较低。由于 Vg 基因对环境中 EDC 刺激非常敏感，因此常被用来作为含雌激素类化合物污染的生物标志（表 8-2）。例如，2, 2-双（对氯苯基）-1, 1-二氯乙烯（DDE）存在时，日本青鳉肝脏 Vg、绒毛膜蛋白和雌激素受体 α 亚型基因上调趋势明显，且 Vg 与 DDE 存在剂量依存关系。此外，激素合成酶、垂体 GtH 等也被广泛用作 EDC 的污染指示剂。

表 8-2　监测和评价水中 EDC 影响程度的生物标志

EDC	生物标志
含雌激素类的化合物	鳕幼鱼的卵黄蛋白原含量增加
含重金属的化合物	锦鳚精集的 G-谷氨酰转肽酶（G-GTP）活性明显降低。G-GTP 是精巢谢尔托立细胞正常功能的标志
含有机氯化合物（如造纸厂废水）	金鱼雄鱼的生殖行为消失
含雌激素类的化合物（如壬基苯酚）	鲇雄性幼鱼脑垂体 GtH 不正常增加
含雌激素类的化合物（如 17α-乙炔基雌二醇）	大西洋鲑幼鱼脑垂体 GtH β 亚基 mRNA 增加
含雌激素类的化合物（如壬基苯酚）	虹鳟精子的形态畸形和活动力降低
	锦鳚的雌鱼比例下降到 46% 以下，雌鱼出现雄鱼第二性征

三、EDC 对性别决定与性逆转的影响

早期研究发现，污水处理厂下游雌激素乙炔基雌二醇导致雄性斜齿鳊体内出现大量卵黄蛋白原的积累，并表现出雌雄同体的表型；而大菱鲆（*Psetta maxima*）精巢中出现雌激素的表达。相反，雄激素污染诱导雌性食蚊鱼雄性化，并产生和刺激相应的雄性第二性征发育，暗示 EDC 可能参与鱼类的性别形成。

对性别决定尚处于原始阶段的鱼类而言，在生长发育的早期阶段，EDC 可在一定程度上影响鱼类的性别比例。一方面，EDC 导致性别决定基因突变，或是影响相关基因的表达；另一方面，EDC 可以竞争性与性别决定基因及其产物的受体结合。已知 *Sox* 基因家族是参与性别决定的重要基因家族，在进化过程中高度保守。研究发现，水体中雄激素显著抑制斜

带石斑鱼 *Sox-11* 基因 mRNA 表达。高温可以通过抑制芳香化酶活性导致日本牙鲆群体雄性化，但类雌药物壬基酚在该温度下可上调芳香化酶基因表达，部分个体（约30%）发育为雌性个体。高温下上述牙鲆群体投喂雌二醇，诱导产生全雌群体。

处于生命发育早期的胚胎和幼鱼对 EDC 尤为敏感，短暂暴露即可造成生物体组织器官的不可逆损伤，而且这种损伤还可能遗传给下一代。

除影响生殖外，EDC 还通过下丘脑-腺垂体-甲状腺轴，对鱼类生长发育造成危害；通过下丘脑-腺垂体-肾间组织轴，影响鱼类的应激能力；通过干扰性类固醇激素的合成与分泌，影响鱼类的免疫功能。此外，EDC 可破坏雌激素的代谢平衡，而雌激素在中枢神经系统、糖代谢、骨骼肌强度、脂代谢以及血管功能等方面有重要功能。

第二节　环境内分泌干扰物对甲壳类生殖活动的影响

甲壳类动物是较大的动物群体之一。已知甲壳类动物超过 66 000 种，除一部分陆生等足类动物外，绝大多数都是水生动物。水环境中存在着许多人工合成的有害化合物，如有机氯农药、杀菌剂农药、人工合成激素类药物和一些化工原料等，这类环境化学物中许多物质具有激素的作用，被称为环境激素。自 20 世纪 90 年代初开始，环境内分泌干扰物对甲壳类动物的内分泌干扰越来越受到关注，主要涉及对甲壳动物的性腺发育与性别分化、生长与蜕皮以及生殖行为的干扰等领域。

一、内分泌干扰物对繁殖和性分化的干扰

甲壳类存在两种繁殖方式：原始甲壳动物，如枝角类和大多数介形虫等小型浮游甲壳动物，在它们的生命周期中既能单性生殖又能有性生殖，其繁殖方式取决于环境条件。而大多数桡足类、软甲亚纲动物和所有的蔓足类动物等则只进行有性生殖。在某些大型甲壳动物中，如等足目动物的雄性具有成对的异形性染色体，存在一种基因性别决定机制。而在其他软甲亚纲物种中，如对虾、沼虾和螯虾等，雄性个体具有同形性染色体。在软甲亚纲动物中，激素类物质的活性受 X-器官-窦腺复合体中产生的性腺抑制激素（GIH）以及大脑和胸神经节中产生的 GSH 调节。GIH 和 GSH 都可调节性腺的成熟。雌性个体中，GIH 和 GSH 直接作用于卵巢，促使卵巢分泌卵巢激素，而在雄性个体中，GIH 和 GSH 作用于促雄性腺（AG），调控促雄性腺激素（AGH）的分泌，控制雄性第二性征的发育。

环境内分泌干扰物（EDC）能够影响甲壳动物的性腺发育。经常暴露在含有机氯杀虫剂开蓬（chlordecone）的水环境中的罗氏沼虾，其肝胰腺中与生长和生殖有关的蛋白质基因表

达都有不同程度的上调或下调，证实有机氯制剂可能影响虾类性腺发育过程。吡丙醚（pyriproxyfen）对红蟹（*Gecarcoidea natalis*）早期的卵巢发育有一定的影响，投喂含吡丙醚的饲料，红蟹卵巢中总氮和干物质含量均明显增大，卵母细胞直径增大，卵巢成熟加快。吡丙醚可能通过类似于甲基法尼酯的作用刺激卵巢早期发育，诱导卵黄蛋白合成，从而引起内分泌紊乱。有学者认为，暴露在浓度 2.5μg/L 的苯并（a）芘（benzo[a]pyrene，BaP）水环境中性成熟雌性三疣梭子蟹（*Portunus trituberculatus*）体内性腺指数（GSI）和卵母细胞直径显著降低，17β-雌二醇（E_2）、睾酮（T）和孕酮（P）水平明显受到抑制，同时抑制了 ER 和 Vg 的表达。可见 BaP 对三疣梭子蟹的卵母细胞发育产生负面影响。将罗氏沼虾暴露于不同壬基酚（NP）浓度（1μg/L、10μg/L、100μg/L）水体中 20d，发现暴露在浓度（10～100μg/L）NP 中，罗氏沼虾的精巢表现出受损伤程度随暴露浓度的升高和暴露时间的延长而逐渐加剧的趋势（图 8-1）。NP 对卵巢的影响主要体现在发育程度上，随暴露浓度的升高和暴露时间的延长，卵巢发育程度加快，性腺发育周期缩短（图 8-2）。用不同浓度 NP 处理罗氏沼虾两周后，发现所有处理组 NP 均能显著促进卵巢雌激素相关受体（ERR）mRNA 的表达（$P<0.05$），当处理浓度超过 25μg/L 时，NP 发挥的雌激素效应将维持稳定，随着处理时间的延长，ERR mRNA 的表达量也能表现持续增加，处理 18d 后达到峰值。浓度为 10～100μg/L 的 NP 对罗氏沼虾蜕皮抑制激素 Mar-SGP-B 有抑制效应，对 Vg、VgR 基因具有诱导效应，高浓度组的抑制或诱导效应更显著，而且效应出现的时间更早，且在雌、雄虾中表现出抑制或诱导程度不一致。NP 对 Mar-SGP-B 基因的抑制效应及对 Vg、VgR 基因的诱导效应呈现一定的剂量-时间效应。

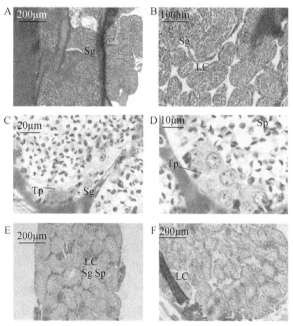

图 8-1　壬基酚对罗氏沼虾精巢结构的影响

A. 对照组；B. 中浓度处理 5d；C. 中浓度处理 10d；D. 高浓度处理 10d；E. 中浓度处理 20d；F. 高浓度处理 20d。Sg. 精原细胞；Sp. 精子；LC. 间质细胞；Tp. 囊膜

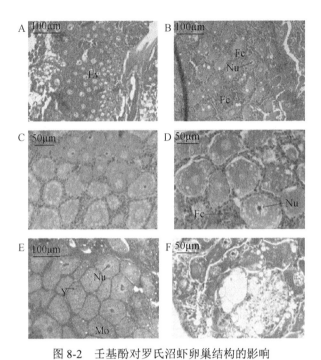

图 8-2　壬基酚对罗氏沼虾卵巢结构的影响

对照组：A. 5d；C. 10d；E. 20d；高浓度组：B. 5d；D. 10d；F. 20d. Ev. 卵黄发生前期的卵母细胞；
Fc. 滤泡细胞；Nu. 细胞核；Y. 卵黄颗粒；Mo. 成熟卵母细胞

　　环境内分泌干扰物（EDC）能够干扰甲壳动物的性别分化。调查发现，在过去的几十年中，美国的门多塔和威斯康星湖中的雄性大型蚤 *Daphnia magna* 比例呈逐年显著下降趋势。研究者认为是环境内分泌干扰物引起的这种变化。有学者将幼蚤（蚤龄<12h）暴露于0.20mg/L 的己烯雌酚（DES）以及 0.15mg/L 的农药硫丹（endosulfan）中，持续暴露 40d后，这两种农药对大型蚤的雄性比例产生没有显著性影响。后来许多研究支持了 DES、硫丹、E_2、三丁基锡（TBT）、DDT 和甲氧氯（methoxychlor）等环境内分泌干扰物对水蚤雄性分化无影响的结论。研究发现，在食物充足的情况下，4-壬基酚三种化合物对大型蚤的雄性性状分化没有影响。而在食物缺乏的条件下，壬基酚却显著地促进雄性水蚤的产生。在研究烷基酚类的生殖干扰中发现，4-辛基酚和 4-壬基酚均能干扰新生雄性水蚤比例。端足类动物*Corophium voluntator* 持续暴露于 10～200μg/L 的壬基酚（NP）中 120d，发现壬基酚能够显著影响性别比率。还有学者发现有机氯农药氟氯菊酯对大型蚤的雌蚤产幼数有明显抑制，并且随浓度增加，受抑制的程度加深。在子一代的恢复性试验中发现，虽然各浓度污染后，雌蚤所产的子代在数目上也有所增加。也有学者研究发现 4-NP、TBT 对罗氏沼虾幼虾的性别比例未产生影响，但是能够影响罗氏沼虾早期性分化（图 8-3，图 8-4）。壬基酚能够影响凡纳滨对虾早期性别分化，研究发现，将凡纳滨对虾仔虾暴露于 120μg/L NP 中，其雌雄性比达到 1.24∶1。调查发现，生活在未受污染区域的端足类动物的雄雌比率比生活在污水处理区的端足类动物明显高。从一个受污染区域采集到的蚤状钩虾（*Gammarus pulex*）样本中，

发现其雌雄比率显著升高。

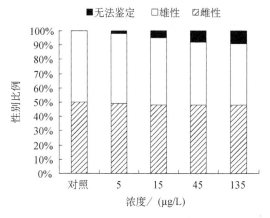

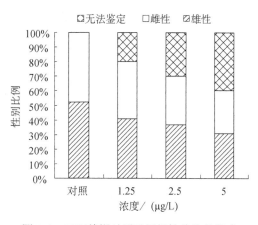

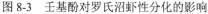

图 8-3　壬基酚对罗氏沼虾性分化的影响　　　图 8-4　三丁基锡对罗氏沼虾性分化的影响

　　环境 EDC 导致甲壳动物发生性畸变。正常情况下，桡足类动物是雌雄异体动物。但是，在英国爱丁堡污水排放处附近的深海桡足类动物中发现有些个体出现雌雄间性现象。后来的研究结果没有发现污水排放与桡足类动物的雌雄间性现象存在联系。已经报道在短尾亚目十足动物中有几种形式的性别畸形。招潮蟹具有十分惊人的性别二态性，雄性的典型特征是具有 1 对不对称的螯足和狭窄的腹部，而雌性却有 2 只小的、可以辨认的爪子以及由胸板完全覆盖的腹部。调查发现招潮蟹的性别畸形表现为有些个体拥有雌性特征的腹部以及 1 对非对称的雄性特征螯足。一项研究表明，那些生活在污水处理区底部的雄性钩虾的雄性附属第二性征鳃足和生殖乳突异常生长。更进一步的研究发现，从受污染区域采集到的雌性钩虾的卵母细胞出现畸形，而雄性钩虾的性腺结构却没有出现显著的差异。还有研究发现，壬基酚能够显著影响端足类动物的第二触角结构。淡水绿虾（*Neocaridina denticulata*）暴露在低浓度林丹和雌二醇中，雄性个体的雄性附肢长度明显缩短。但是到目前为止仍然没有确切的证据表明甲壳动物的性别畸形与环境污染有关。

二、内分泌干扰物对蜕皮的干扰

　　外源化合物对甲壳动物生长的抑制体现在与蜕皮相关的方式上。研究发现雌激素类物质硫丹、DES 和三氯苯酚（PCB29）能够显著延缓大型蚤幼蚤的蜕皮，而杀虫剂 DDT 能够显著抑制大型蚤的蜕皮。调查发现在污水处理厂的废水样品中，原水稀释至原来浓度的 1/5 使等足类动物栉水虱（*Asellus aquaticus*）的蜕皮频率降低了 42%，而未稀释处理的废水则使蜕皮频率降低了 61%。使用大型蚤的幼蚤（蚤龄<24h）进行了毒性试验，发现 0.16～0.32mmol/L 的保幼激素类似物甲氧基氯能够显著抑制雄蚤和雌蚤的生长，而 DES 在 3mmol/L 时能够显著缩短雌蚤的体长，但是对雄蚤的生长却没有影响。脊椎动物的雄激素抑制剂环孕酮的浓度

为 0.3～2.5mmol/L 时对大型蚤的蜕皮频率没有产生显著的影响，浓度在 5.0mmol/L 时，显著降低了蜕皮频率。环孕酮的浓度为 1.2mmol/L 时，大型蚤的体长显著缩小。但不是所有环境内分泌干扰物都能对枝角类动物蜕皮产生影响。研究发现，4-壬基酚、林丹、双酚 A、三丁基锡以及 DDT 均没有对大型蚤的蜕皮产生影响。

迄今为止，已经有许多关于外源化合物对软甲亚纲动物生长和蜕皮产生不利影响的研究报道。研究发现，多氯联苯（aroclor1242）能够显著抑制招潮蟹的蜕皮频率。将端足类动物 *Corophium voluntator* 持续暴露于 10～200mg/L 的壬基酚中 100d，其体长显著减少。但是如果只暴露 30d，则无法检测到这种对生长的抑制效应。由于无法获得有关蜕皮的数据，因此也就无从知晓这种由壬基酚引起的生长抑制到底是由于蜕皮受到抑制，还是由于因其他机制而受到影响。实验证明，非类固醇的蜕皮激素类似物（RH5849）在浓度为 0.1mg/L 和 1.0mg/L 时能够增加扇蟹（*Rhithropanopeus harrisii*）幼蟹的蜕皮次数。

由于环境内分泌干扰物是蜕皮激素受体的拮抗剂，因此这类化合物对蜕皮激素受体的直接作用很有可能导致 Y-器官-蜕皮激素受体轴的干扰。研究发现，酞酸二酯和壬基酚这两种抑制甲壳动物蜕皮和生长的化合物都能够对蜕皮激素受体产生拮抗作用，可以在一定程度上解释酞酸二酯对大型蚤的蜕皮以及对招潮蟹壳二糖酶活性的抑制。研究者还发现，DES 不是蜕皮激素受体（ecdysteroid receptor，EcR）的拮抗剂。说明 DES 和 EcR 之间的相互作用并没有引起 DES 对大型蚤的蜕皮和招潮蟹壳二糖酶活性的抑制。

三、内分泌干扰物对生殖行为的干扰

普通滨蟹（*Carcinus maenas*）的交配时间与雌蟹的蜕皮时间相吻合，即交配发生在雌蟹蜕皮后不久甲壳仍然柔软时。已经证明，交配前的雄性普通滨蟹会对交配场所做出选择，雄蟹通常通过抓住石头并用其爪子测试其硬度来选择交配场地，例如未被交配雌蟹"污染"的石头是雄性普通滨蟹可以选择的交配场所。从英国受污染海岸附近收集的雄性普通滨蟹与来自正常海域的雄性普通滨蟹相比，前者对未交配的雌蟹的性激素的响应明显降低。性信息素交流的干扰与受污染地区雄性蟹的形态和生理雌性化有关。雄蟹不能对雌蟹所展示的交配行为做出反应，可能与其暴露于大量环境化学干扰物质有关。环境化学物质可以通过直接抑制雄性性激素的接受能力，或通过阻碍雄性的性腺发育而破坏性激素的传播，从而延缓雄性的交配行为。

片脚类动物只有在雌性个体性成熟并完成蜕皮，在外壳足够柔软时，成熟卵子通过输卵管进入纳精囊，才可立即交配。此时，雄性性成熟个体只有短暂的机会将精子放入纳精囊。一些片脚类动物，如蚤状钩虾和端足虫（*Hyalella azteca*）表现出一种雄性的交配前行为，称为配偶保护行为。成熟的雄性在雌性蜕皮前找到一个成熟的雌性，保护它不受其他雄性的伤害，直到雌性蜕皮并受精。片脚类动物的配偶保护行为似乎容易受到环境污染的破坏。英国科学家开展的实地研究表明，生活在污染水域的雄性蚤状钩虾比生活在正常水域的雄性钩虾的配偶保护行为要少得多。暴露于林丹、氰戊菊酯、多氯联苯 1254 或纸浆厂废水中，可以减少雄性角足类动物的交配保护行为。这种由环境污染引起的生殖行为紊乱是否以性激素为基础还有待进一步研究。

　　水环境污染也会破坏甲壳动物的其他行为，包括运动、捕食和掘穴行为，这些行为可能与生殖无直接的关系。研究发现，有机磷农药处理的糠虾（*Neomysis integer*）和盐水丰年虫（*Artemia salina*）的运动能力极易受到干扰，表现出游泳能力的退化。有机磷农药通过抑制甲壳动物神经系统中胆碱酯酶的合成导致神经信号传递受损。栖息在受生活垃圾污染环境的草虾（*Palaemonetes pugio*），其捕食能力比相对未污染地方的草虾要弱。沉积物中含有多环芳烃（polycyclic aromatic hydrocarbon，PAH）会减弱生活在河口区的桡足类猛水蚤（*Schizopera knabeni*）的挖穴行为。

第三节　环境内分泌干扰物对贝类生殖活动的影响

　　目前对内分泌干扰物的作用机制主要集中在脊椎动物，对无脊椎动物内分泌的研究相对缺乏。本节介绍 EDC 对贝类生殖活动的影响。

一、EDC 对性腺发育的影响

　　苯并（a）芘（BaP）在海洋环境中广泛存在，是毒性最强的多环芳烃（PAH）类物质。已完成的栉孔扇贝数字基因表达谱测序结果表明，在 0.5μg/L BaP 胁迫下，栉孔扇贝精巢组织凋亡相关基因 IAP、细胞周期相关基因 CDK2 差异性表达，卵巢组织胶原蛋白基因 COL 家族、细胞外基质相关基因 ITGA 家族多个基因差异性表达，表明 BaP 对栉孔扇贝性腺组织有明显的损伤效应。研究发现，暴露于 0.4μg/L 和 2μg/L BaP 中，栉孔扇贝卵巢 ER、Vg 基因表达增加，而 10μg/L BaP 染毒组 ER、Vg 基因表达被显著抑制。Miao 等对 10μg/L BaP 暴露不同时间下的栉孔扇贝雌性生殖腺进行了观察，观察到自然状态下处于成熟期的雌性生殖腺，其滤泡间空隙基本消失，滤泡腔中充满了大量的卵母细胞，由于互相挤压而呈不规则形状。经过 BaP 处理 10d 和 15d 的雌性生殖腺中靠近被膜的卵母细胞的细胞质松散，与正常生殖腺组织相比核膜界限模糊；处理 15d 的样品的损伤更为严重，说明 BaP 能够造成栉孔扇贝雌性生殖腺损伤，并且损伤情况呈现时间-效应相关性。

　　双酚 A（bisphenol A，BPA），化学名为 4-二羟基二苯基丙烷（$C_{15}H_{16}O_2$），是一种非常典型的 EDC。BPA 是一种类雌激素物质，与雌激素受体具有一定的亲和力。通过模拟或干扰体内雌激素的合成、分泌、转运、结合、排泄而影响机体的生理活动。BPA 可以抑制贝类雌雄性腺的生长。雌性紫贻贝暴露在 50μg/L 的 BPA 中三周，体内已经形成的卵母细胞重新被吸收，推测可能是 Vg 的分泌受到抑制，卵细胞营养不足导致；另一研究发现，暴露在 50μg/L 的 BPA 中三周的雌性紫贻贝，卵泡和卵母细胞严重畸形。研究者以福建牡蛎为研究对象，进行了 BPA 毒理蛋白质组学研究。组织切片与性腺指数分析共同表明，对雌性而言，1mg/L BPA 的慢性胁迫刺激了卵巢发育，当浓度为 2mg/L 时，却显示出抑制效应。而 1mg/L 与 2mg/L 浓度的 BPA 对雄性均呈抑制效应。可见 BPA 的生殖毒理效应同它的浓度和施用对象的性别有直接关系。

二、EDC 对胚胎发育的影响

BPA 对海洋生物胚胎的形成和发育影响很大。将九孔鲍胚胎暴露于不同剂量的 BPA 中（0.05μg/L、0.2μg/L、2μg/L 和 10μg/L），监测胚胎发育参数和生理指标的变化。结果表明，BPA 能干扰九孔鲍胚胎的发育参数，导致畸形率增加，孵化率和变态率下降，且呈现一定的剂量依赖关系（图 8-5）。BPA 干扰了应激酶类（POD、MDA）的状态和细胞调控蛋白（CB 和 CDK1）的正常表达，从而影响胚胎发生。在 BPA 作用下，贻贝的正常孵化也减少，但效应剂量比九孔鲍高，说明九孔鲍比贻贝更敏感。研究发现，太平洋牡蛎胚胎在 0.05μg/L BaP 作用下 DNA 断裂和氧化损伤显著升高。除此之外，外源物质代谢产生的自由基还会造成蛋白质和脂质的损伤。

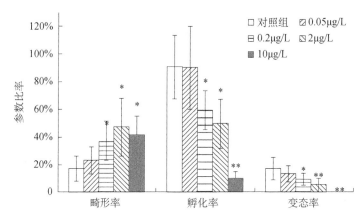

图 8-5 BPA 对九孔鲍发育参数（畸形率、孵化率和变态率）的影响（引自周进等，2015）

*、**表示差异水平

三、EDC 的生殖毒性

在 BPA 作用下，淡水蜗牛出现生殖细胞及器官的畸形和性畸变；雌性苹果螺（*Indoplanorbis*

exustus)和狗岩螺(*Nucella lapillus*)发生超雄性化；雄性淡水大羊角螺(*Marisa cornuarietis*)呈现超雌现象。具体表现为雌性个体的性器官增加，同时还伴随着副性腺增大，输卵管畸形，促进卵母细胞生成和大量产卵，并引起雌性个体死亡数增加。而对雄性狗岩螺和苹果螺做相同条件的胁迫，则发现胁迫组的雄性精囊中很少有储存成熟的精子，而且其前列腺与阴茎的长度都出现减小而发生去雄性化。

1970 年，Blaber 首次在狗岩螺中发现海产腹足类的性畸变现象，雌性个体中发育出不正常的雄性特征，包括阴茎和输精管的形成，严重时会导致输卵管堵塞，阻碍受精的完成和卵囊的释放，使雌性成体不育，种群退化，甚至区域性绝种。在泥螺(*Bullacta exarata*)雌性个体也发现了类似发育不良的阴茎和精囊结构。1979 年，Jenner 等发现在不同区域种群中性畸变发生的比率是不同的；将性畸变发生率低的区域的螺转移到发生率高的区域，可以发现性畸变现象明显发生；1981 年，Smith 等发现泥螺性畸变的发生与靠近游船码头有显著关系，即防污涂料中的三丁基锡(TBT)是导致泥螺性畸变的原因。作为船舶防污油漆的主要活性成分，有机锡从 20 世纪 60 年代开始被广泛使用。有机锡化合物有 TBT、三苯基锡(TPT)、单丁基锡(MBT)和二丁基锡(DBT)等，以 TBT 毒性最大。海洋水体中的 TBT 主要来源于船体和海水中设施的表面涂料释放。TBT 大部分沉积于沉积物中，其降解速度很慢，半衰期甚至可达几十年。TBT 类似于雄激素，可使海洋动物性成熟和繁殖推迟、双壳纲和腹足纲动物性畸变及间性。

有机锡污染还能使海产贝类产生间性现象。由于受有机锡污染的影响，滨螺(*Littorina littorea*)雌体的生殖道发育受到干扰，甚至转化成具雄性化特征的结构，程度严重可导致生育失败。暴露在 0.8μg/L TBT 中 36 周，四角蛤蜊(*Mactra veneriformis*)显示较高的间性，间性率达到 67.8%；野外采集的太平洋牡蛎和菲律宾蛤仔间性的发生率分别为 16.25%和 24.43%。此外，将 5 周龄的正常蛤仔移植到有机锡污染环境中，出现睾酮水平显著增加、E_2 水平下降。

国内外学者对疣荔枝螺(*Thais clavigera*)、福寿螺(*Pomacea canaliculata*)、桶形芋螺(*Conus betulinus*)、褐棘螺(*Chicoreus brunneus*)、波部东风螺(*Babylonia formosae*)和方斑东风螺(*Babylonia areolata*)等腹足类的性畸变现象，以及它们对有机锡污染检测方面的作用进行了充分研究，发现这些动物都对 TBT 污染具有敏感性。对我国广东、广西及越南等 5 个区域管角螺(*Hemifusus tuba*)未成熟、成熟以及性畸变个体生殖系统结构研究发现，北海区域性畸变最为严重，性畸变率平均达到 90%，有机锡污染可能对北部湾种群的延续造成威胁。研究者在台湾牡蛎养殖地区发现了雌雄同体个体，使用 C-18 技术分离海水、沉积物及生物体中有机锡，发现有机锡(特别是 TBT)的含量以雌雄同体最高，雌性次之，雄性最低。蚵螺和荔枝螺的性畸变也与 TBT 有关。在 TBT 浓度不到 1ng/L 的情况下，狗岩螺就会产生性畸变。

在大椎实螺(*Lymnaea peregra*)的养殖水体中添加 TBT，21d 后采用双向荧光差异凝胶电泳（2D-DIGE）技术，利用 Ultraflex Ⅱ MALDI MS 结合肽指纹和二级质谱进行蛋白质组学研究，发现生殖干细胞分化的关键蛋白 PIWI，在 96.4ng/L 的 TBT 胁迫下显著上调；而卵黄铁蛋白（yolk ferritin）在 TBT 胁迫下呈下调表达，从而解释了 TBT 胁迫下大椎实螺产卵量下降或卵质量下降的现象。

在科学界，TBT 与性畸变之间的因果关系是比较一致的，但对于了解 TBT 致畸变的生化机制仍然存在争议。可能存在下面几种途径：①神经内分泌途径，TBT 作为一种神经毒素，干扰脑干神经节释放阴茎形态发育/倒退因子；②类固醇途径，由于 TBT 介导的芳香化酶、磺基转移酶和酰基辅酶 A、睾酮酰基转移酶的抑制作用，TBT 可提高睾酮的含量；③抑制睾酮分泌；④调节与脂肪酸结合的睾酮水平；⑤视黄酸途径，TBT 充当视黄酸 X 受体（RXR）激动剂。

第九章 内分泌学常用研究方法和技术

任何学科的发展都不是独立的，都与其他学科发展有依赖关系。随着生物化学的发展，许多激素相继被纯化鉴定，一些激素也可以通过人工合成的方法获得，大大加深了人们对内分泌学和激素的认识。内分泌学已成为一种精确的科学，放射免疫技术的建立使人们能够对多种激素的含量进行准确测定，极大地促进了内分泌学的发展。近年来，随着生物化学、细胞生物学和遗传学的发展及其在内分泌领域的广泛运用，内分泌研究领域出现了前所未有的活力。水产动物生殖内分泌的研究是内分泌学的一个分支，虽然相对于哺乳类的内分泌学研究相对落后，但近年来大量水产动物基因组测序完成，使水产动物内分泌学研究也步入后基因组时代。

第一节　传统水产动物内分泌学研究方法

一、外科学方法

1849 年，Berthold 发现公鸡睾丸被摘除后其第二性征及性行为均发生异常变化，认为这是缺乏睾丸释放的某种物质所致；于是他又将睾丸移植给阉割（即去势）的公鸡，结果改善了阉割产生的症状。此后，人们广泛采用这一摘除和移植方法来验证某一器官或组织是否具有内分泌功能。在体内，还通过将某种内分泌器官移位，破坏其血管吻合，安装血管和器官导管等方法，进行内分泌学研究。

除了摘除和移植，损伤和替代疗法也经常被采用，如破坏下丘脑特殊部位神经核团。在破坏了某种内分泌腺或内分泌细胞之后，再补充提取的或人工合成的相应物质，观察机体是否出现恢复性变化。有些内分泌研究方法已应用到水产养殖生产实践中，如采用单侧眼柄切除手术人工催熟体长在 13~16cm 的南美洲白对虾（*Penaeus vannamei*）雌虾，一般在摘眼后的 1~2 周内性腺开始发育。

二、生物化学方法

在初步确定一个组织或器官具有内分泌功能后，最直接的方法就是用化学方法从该组织或器官中提取激素并进行纯化，研究其化学组成及结构，找出活性基团，并进行人工合成，最后进行功能研究。通过这种方法，已鉴定了鱼类促性腺激素释放激素（GnRH），之后人工合成其高活性类似物（LHRH-A2），现广泛应用于养殖鱼类的人工繁殖催产过程。

（1）激素的分离和纯化

从内分泌器官中分离激素时，应首先确定激素的溶解性和分子质量大小等激素性质，通过萃取、电泳等方法将激素物质与其他物质进行分离。在分离蛋白或肽类激素时，还必须保持这些激素的活性，因此众多反应都应在低温条件下进行，以保证其活性不受破坏。获得高纯度的激素样品后，通过质谱仪等解析结构，确定其活性基团。

（2）人工合成

经过系列研究解析激素的结构后，即可进行人工合成。类固醇激素和短肽合成相对较易，大分子蛋白或长链多肽的人工合成则较为困难。自 DNA 重组技术问世以后，可将编码激素的 DNA 导入特定的载体中，将载体转入大肠杆菌、啤酒酵母或某些细胞系中，采用现代发酵工程技术，实现激素大量获取。激素人工合成的成功，不仅可使激素价格大幅度下降，也为进一步研究激素的功能提供了物质保障。

（3）功能研究

分离纯化或人工合成的激素本身可以直接用于其功能研究，如组织细胞培养实验中，可添加某种激素，分析细胞的生长、基因表达情况等。除了激素本身，还可以利用某些化学物质对激素合成酶或基因表达过程中某些因子具有阻碍作用，来研究激素合成的机制；也可用与激素具有类似结构的拮抗剂与激素受体进行竞争性结合，模拟激素腺体摘除或腺体部分破坏的现象，如雌激素受体拮抗剂，可模拟机体缺乏雌激素时的生理状态。目前，在研究激素作用机制时，常用激素作用途径中的某些关键成分的抑制剂（如来曲唑抑制雌激素合成关键酶芳香化酶 450 的活性，从而抑制雌激素的合成，帮助解析雌激素的功能）来进行研究。

三、体外研究方法

离体（*in vitro*）研究指将器官或细胞从体内分离出来，在一定条件下进行研究。水产动物生殖内分泌经常用到离体实验。例如，观察某种神经多肽对生殖的影响，即可用这种激素分别处理下丘脑、垂体和性腺，进而分析这些器官受到何种影响，从而避免机体中复杂的生理环境及组织器官间的相互影响。

离体实验具有以下特点：①条件易于控制；②操作简便，结果准确；③节约时间，提高实验效率。离体实验需满足三要素：①温度，哺乳动物细胞最适合温度为 37℃，水产动物往往根据它们最适养殖温度进行调整；②营养液；③气体，氧气、二氧化碳等。

常用的体外研究方法如下。

（1）内分泌器官灌注法

为研究激素的作用机制或合成途径，可取出内分泌腺（下丘脑、垂体、精巢和卵巢等），放入一密闭系统中，用动物自身血液或生理盐水进行灌注，使该器官或组织存活较长时间，同时加入相应的激素或药物，观察组织器官变化。本法优点是既可取灌注液分析代谢物，又可直接分析组织器官内的物质变化。

（2）组织或细胞培养法

某些组织或器官碎片在体外适宜条件下能存活数小时甚至数天。向其中加入某些待测物，如激素、激素类似物、激动剂和拮抗剂等，通过设置浓度及时间梯度实验，并通过一定的分析方法测定其代谢产物或组织碎片内基因和蛋白质的表达变化规律。某些内分泌细胞在适宜培养液中也能存活一定时间，可以根据实验设计向培养液中加入某些物质，根据细胞的反应或某些物质含量的变化，推测激素合成或作用机制。除用从动物体直接获得的原代细胞进行体外培养外，目前已获得多种可用于内分泌研究的细胞系，如垂体细胞系、生殖细胞系和性腺体细胞系等。

（3）提取细胞中的某些成分进行分析

将体外培养的细胞进行适当处理，破坏其细胞膜，可获得包含有原生质的可溶性组分和一些悬浮的固体组分（如微粒体、线粒体、受体及核仁等），一些重要的成分（如酶）结合在细胞器上，或者存在于可溶性组分的提取物中。通过这些方法，不仅可研究酶的转化，而且也可研究激素的作用机制、代谢等。例如，类固醇激素合成所涉及的酶有的存在于细胞质，有的存在于线粒体，可以分别检测这些细胞组分的酶活力，判断该酶所在的细胞位置。当然，有的细胞活性成分在细胞膜上，需进行特殊处理，进而研究膜的组分。

四、在体研究方法

以完整实验动物为对象，在保持动物机体完整性前提下，尽可能接近正常生活条件，通过一系列实验处理，观察动物的生理变化。例如，对虾摘除眼柄后，可明显观察到其性腺发育受到抑制，从而推断眼柄可能产生了抑制性腺发育的激素。在体（*in vivo*）注射、浸泡和投喂等也是常用的激素功能研究方法，有些实验周期相对较短，几十分钟到几小时，有些实验周期比较长，可达数月。在体实验的优点是保持了各器官的自然联系和相互作用，便于观察正常情况下某一器官在整体中的生理作用及其地位；缺点是影响因素及不可预知的因素较多。

五、电生理学研究方法

20 世纪生物科学的重大进展之一是对细胞兴奋和生物电现象的阐明。随着电子仪器的不断进步，电生理学（electrophysiology）逐渐形成并不断发展。其中最重要的技术有电压钳和膜片钳技术，它们能实现对细胞膜电位和微小电流的检测。电生理学方法也可用于内分泌学研究，如记录下丘脑 GnRH 神经元的放电现象。

电生理学体内研究方法是指不破坏实验动物的完整性、保持机体神经完整性的前提下研究内分泌细胞或组织的生物电现象。其优点是可使激素和神经递质同步释放。若进行在体急性实验，则需将麻醉动物头部用立体仪固定，根据脑立体定位图谱坐标插入微电极记录细胞的电活动。若进行在体慢性实验，可以在动物清醒甚至自由活动的状态下记录，但需事先将微电极插至预定位置并固定。尽管体内研究法有许多优点，但在研究下丘脑活动时，由于下丘脑与大脑其他部位的联系非常复杂，因而获得的实验结果分析起来非常困难。此外急性实验中动物麻醉处理也可能影响结果。

体外电生理研究法避免了麻醉和其他复杂的外来影响，而且避免了呼吸、心跳等运动的干扰，借助细胞标记技术和显微镜观察，电极位置容易固定，对细胞施加各种处理也很容易。但因细胞处于离体环境中，与在体环境有较大差异，且切断了中枢神经，因此得到的结果可能与在体情况下有出入。目前体外电生理研究法大致分为两类，即脑片技术与培养细胞的体外电生理技术。脑片技术将脑制成 250μm 左右厚度的切片后置于培养液中进行温育或表面灌注。微电极可以容易地插入脑片的任何位置，并记录细胞内电变化。脑片组织在适宜培养条件下，一定时间内（8～10h）可保持电生理活性。培养细胞的体外电生理技术则是将下丘脑神经元分离，并在体外培养成单层细胞，然后借助显微镜将微电极插入神经元表面，记录细胞内的电位变化。

六、同位素相关的方法

质子数相同而中子数不同的同一元素的不同核素互称为同位素（isotope）。例如，氢有三种同位素，H 氕、D 氘（又叫重氢）、T 氚（又叫超重氢）；碳有多种同位素，^{12}C、^{13}C 和 ^{14}C（有放射性）等。同位素在元素周期表上占有同一位置，化学性质几乎相同（氕、氘和氚的性质有些微差异），但原子质量或质量数不同，从而其质谱性质、放射性转变和物理性质有所差异。同位素的表示是在该元素符号的左上角注明质量数（如碳 14，一般用 ^{14}C 来表示）。在自然界中天然存在的同位素称为天然同位素，人工合成的同位素称为人造同位素。如果该同位素具有放射性，则被称为放射性同位素。每一种元素都有放射性同位素。有些放射性同位素自然界中存在，有些则是用核粒子，如质子、α 粒子或中子轰击稳定的核而人为产生。放射性同位素具有不稳定的原子核，可进行自发性分解，发出射线，通过特定仪器可检测其变化，灵敏度高，因此同位素技术常用于内分泌研究中。

（一）同位素示踪

同位素示踪法（isotopic tracer method）是利用放射性核素作为示踪剂对研究对象进行标记的微量分析方法，示踪实验的创建者是 Hevesy。1923 年最早用于研究铅盐在豆科植物内的分布和转移。后来在生物领域广泛应用，包括跟踪激素在体内的分布、摄取、生物合成、储存、释放、降解与排泄过程。通常将放射性同位素如 H、N、P、I 等标记到激素分子上，输入体内，一定时间后用同位素检测仪或放射自显影追踪其变化，这种方法成为研究激素代谢及作用的重要手段。例如，研究雄激素在体内的吸收和代谢，可用 ^3H 标记雄激素，摄入一定时间后，检测 ^3H 标记雄激素的位置和剂量，也研究 ^3H 标记物在体内的转化情况。

（二）放射自显影

放射自显影（autoradiography）是利用放射性可使照像乳胶和软片感光的原理，对标本中放射性分子进行定位的技术。放射性同位素在衰变过程中发射出电离辐射，射线可使照像乳胶感光。乳胶同标本接触后，放射性物质存在的部位溴化银胶体被还原，产生银粒子沉淀，从而显示出放射性物质存在的部位。尼罗罗非鱼中克隆了两个细胞色素 P450c17 基因：P450c17-Ⅰ和 P450c17-Ⅱ，研究人员通过薄层色谱和放射自显影技术发现：P450c17-Ⅰ具有羟化酶和裂解酶两种活性，其羟化酶活性能将 ^{14}C-progesterone（孕酮）和 ^3H-prenenolone（孕烯醇酮）分别转化为 17-羟孕酮（17-hydroxyprogesterone）和 17α-羟基孕烯醇酮（17α-hydroxypregnenolone），进而通过其裂解酶活性将中间产物进一步催化为雄烯二酮（androstenedione）和脱氢表雄酮（dehydroepiandrosterone）。而 P450c17-Ⅱ仅具有羟化酶活性，只能将 ^{14}C-孕酮和 ^3H-孕烯醇酮分别转化为 17-羟孕酮和 17α-羟基孕烯醇酮。该研究首次证明，P450c17-Ⅱ只具有 17α-hydroxylase（17α-羟化酶）活性，而不具有 17, 20-lyase（17, 20-裂解酶）活性，暗示 P450c17-Ⅱ可能对于鱼类 C21 类固醇激素的合成具有重要作用。

（三）放射免疫分析

放射免疫技术，是一种将放射性同位素测量的高度灵敏性、精确性与抗原抗体反应特异性巧妙结合而形成的一种体外超微量（$10^{-15}\sim10^{-9}g$）物质测定的新技术。广义上，凡是应用放射性同位素标记抗原或抗体，再通过免疫反应测定的技术，都可称为放射免疫技术。经典的放射免疫技术是标记的抗原与未标记抗原竞争有限量抗体，然后通过测定标记的抗原抗体复合物中放射性强度的改变，测算出未标记的抗原量。放射免疫分析（RIA）是生物学领域中方法学上一项重大突破，开辟了生物学检测史上的一个新纪元。它使那些原先无法测定的极微量而又具有重要生物学意义的物质得以精确定量。目前，这项技术在水产动物内分泌学中也得到了广泛运用，如类固醇激素的定量分析。

1. 放射免疫分析的原理

RIA 的基本原理，基于相同分子的两种类型（一种带标记，另一种不带标记）对第二种浓度较低的分子形成的竞争性结合作用（图 9-1）。

标记抗原　　　抗体　　　标记抗原-抗体复合物

Ag*　　＋　　Ab　⇌　　Ag*-Ab

(F)　　　　　　　　　　　　(B)

＋

Ag 未标记抗原或待测样品

⇕

Ag-Ab 未标记抗原-抗体复合物

图 9-1　RIA 反应原理图

表示标记物。[Ag]、[Ab] 量恒定。[Ag]*+[Ag]>[Ab]

[Ag] 与 [Ag*-Ab] 之间存在函数关系：随着 [Ag] 升高，[Ag*-Ab] 降低，剂量反应为曲线

因此，在放射免疫分析中，用已知不同浓度的标准物和一定量的 Ag* 及限量的 Ab 反应，采取一定方法将 B（结合物）与 F（游离物）分开，即可测定出 Ag*-Ab 复合物结合百分率（B/T）的变化。在实际工作中，以 B/T 的值为纵坐标，标准物的浓度为横坐标，绘成曲线，即竞争性抑制曲线，或称标准曲线（图 9-2）。在测定样品中激素浓度时，只需将未知浓度的样品处理后，按制作标准曲线的方法，以样品替代标准品，即可得到一个特有的 Ag*-Ab 结合百分率。所得结合率（%）与标准曲线相比或通过软件计算，即可得出样品中待测激素的浓度。

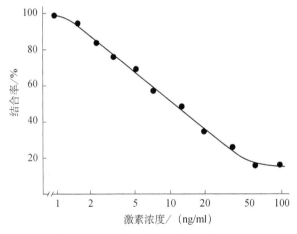

图 9-2　放射性免疫测定法的标准曲线

要成功地进行放射免疫分析，必须解决好以下 3 个关键性技术问题：①标记抗原纯度高、免疫化学活性好、比放射性强、用量适当；②抗体特异性好、稀释度适当；③B 与 F 分离完全、稳定可靠、操作简单、重复性好。

2. 放射免疫分析的优缺点

优点：①灵敏度高，可达到皮克（10^{-9}g，pg）或纳克（10^{-12}g，ng）水平。②特异性强。由抗原抗体反应的特异性决定，不需对样品提纯，使用单克隆抗体可提高其特异性。③应用

范围广。小分子半抗原制备抗体取得成功后，许多小分子质量激素、肽类、药物和体内活性物质都可用 RIA 测定，目前已超过 300 种。此方法广泛用于分子生物学、生物化学、分子药理学、生殖生理学、血液学、临床诊断等领域。

但是放射免疫分析也并非完美无缺，它有以下缺点：如同位素的放射性危害、同位素来源受到限制、半衰期短，需要经常进行标记，同时需要特定仪器、存在污染，且测定的是免疫活性而非生物活性，等等。

目前，很多试剂公司开发了其他标记方法，同样可以达到很高的检测限，如雌二醇、睾酮和 11-酮基睾酮都有相应的非放射性 ELISA 试剂盒进行测定。

第二节　现代分子及细胞生物学方法在内分泌研究中的运用

目前，水产动物生殖内分泌的研究迎来了后基因组时代。几十种水产动物，如太平洋牡蛎、红鳍东方鲀（*Fugu rubripes*）、虹鳟、尼罗罗非鱼、半滑舌鳎、大黄鱼（*Larimichthys crocea*）、鲤鱼和草鱼等的基因组已被测定，还有很多正在测定中。越来越多的基因被鉴定，基因的功能被逐渐阐明，其中也包含大量的内分泌相关基因。围绕着中心法则，DNA 到 mRNA，再到蛋白质，这个过程的调控机制都蕴藏在了基因组信息中，解析内分泌相关基因的表达模式、表达调控和作用机制是目前内分泌学研究的前沿。

一、 现代组织学与免疫组织化学研究方法

1. 电镜技术

电子显微镜（electron microscope），简称电镜（EM），是依据电子光学原理，利用电子束和电磁透镜代替光束和光学透镜，从而放大观察物质的细微结构的仪器。电镜因其高分辨率，在观察超微结构及亚细胞结构中具有光学显微镜（光镜）无法比拟的优点。电子显微镜自 20 世纪 30 年代发明以来，历经了大量的改良，日臻成熟。其中负染法（negative staining）最为著名，即用金属盐对铺在载网上的生物样品进行染色，使电镜中的生物样品周围变暗而突出样品本身。同时，这种方法还能更好地对抗电子辐射损伤，防止样品本身在真空环境里的塌缩。正是在负染色方法的帮助下，病毒、细菌、组织等生物样品的显微成像达到了前所未有的清晰程度。虽然负染法无法展示被包埋的样品的内部结构，分辨率也受到限制（目前通过负染法能得到的最高分辨率大约是 1.5nm，而光学显微镜的分辨率极限是 200nm），但它依然是每一个电镜研究人员用来检查筛选样品，以及快速获得样品低分辨率结构的基本手

段。在水产动物生殖内分泌领域负染法应用也颇为广泛。例如,电镜观察中国对虾促雄性腺,发现腺体细胞内含有粗面内质网和发达的高尔基体,由此可见其分泌的是蛋白性质的激素。近年来,冷冻电镜技术解析的结构分辨率已经突破 3Å,达到近原子分辨率水平,因此该技术获得了 2017 年的诺贝尔化学奖。越来越多的蛋白质高分辨率的结构被解析,是对蛋白质功能研究的一种最为直接的方法。

2. 免疫组织化学技术

免疫组织化学(immunohistochemistry)又称免疫细胞化学,是指带显色剂标记的特异性抗体在组织细胞原位通过抗原抗体反应和组织化学的呈色反应,对相应抗原进行定性、定位、定量测定的一项技术。它把免疫反应的特异性、组织化学的可见性巧妙结合起来,借助显微镜(包括荧光显微镜、电子显微镜)的显像和放大作用,在细胞、亚细胞水平检测各种抗原物质(如蛋白质和多肽等)。 免疫组化技术近年来得到迅速发展。50 年代还仅限于免疫荧光技术,50 年代以后逐渐发展建立起高度敏感且更为实用的免疫酶技术。

抗原和一抗结合后,再与经某种易于识别或检测的物质(如酶、荧光素、铁蛋白等)标记的二抗结合,显微镜下可将组织中的抗原定位。也可以直接标记一抗,但标记一抗会影响抗体与抗原的结合,敏感性较差。为避免这种情况,现在多标记二抗,常用的标记二抗染料为辣根过氧化酶和荧光染料。免疫组织化学技术的关键是制备特异抗体,目前制备的抗体有两类:单克隆抗体和多克隆抗体,前者成本高,价格昂贵,但特异性强;后者价格低,但可能存在非特异性结合。目前抗体制备一般由生物公司完成,哺乳类研究有大量的现成的商业化抗体,可以直接购买无须定制。但水产动物往往缺乏现成的商业抗体,需重新制备。抗体制备的成功率及抗体质量成为制约该技术推广的限制性因素。

免疫组织化学技术应用范围非常广泛,主要包括对蛋白质的检测、定位、动态分布等。目前已广泛应用到水产动物生殖内分泌学研究领域。例如,早期使用的荧光素标记的抗 GtH 血清处理鱼脑垂体的冰冻切片,可在中腺垂体腹部的嗜碱性细胞产生荧光,而其他部分的嗜碱性细胞则没有,由此可确立阳性细胞就是 GtH 分泌细胞。

3. 原位杂交技术

原位杂交组织(或细胞)化学技术简称原位杂交(*in situ* hybridization),属于固相核酸分子杂交的范畴。原位杂交是指以特定标记的已知顺序核酸为探针与细胞或组织切片中核酸进行杂交,从而对特定核酸顺序进行精确定量定位的过程。原位杂交可以在细胞标本或组织标本上进行。其他分子杂交技术只能证明该细胞或组织中是否存在待测的核酸,而不能证明该核酸分子在细胞或组织中存在的部位。水产动物内分泌研究中广泛采用该方法,如进行生殖相关基因的 mRNA 的表达定位研究,通过标记鱼类生殖细胞特异基因的 mRNA,可以研究生殖细胞的起源和分化过程。

根据探针的核酸性质不同可分为 DNA 探针、RNA 探针、cDNA 探针、cRNA 探针和寡核苷酸探针等。DNA 探针有单链 DNA(single stranded,ssDNA)和双链 DNA(double stranded, dsDNA）探针之分，检测基因 mRNA 的表达一般采用 RNA 探针。RNA 探针合成是以 DNA 为模板，进行体外反转录合成，同时将标记的碱基引入探针中，具有制造方便，价格低廉的优点，也可对探针进行放射性与非放射性标记。

早期采用同位素标记，由于同位素标记探针有可能污染环境，且对人体有害，并受半衰期等限制，人们开始探索用非放射性的标记物标记核酸探针进行原位杂交。目前已有多种非放射性探针问世，如生物素和地高辛标记探针技术，杂交反应完成后，通过特异抗体识别生物素和地高辛标记，因抗体上带有标记，通过免疫细胞化学方法可检测目的核酸。该标记技术不需特殊设备，因而得到广泛运用。

二、蛋白免疫印迹技术

蛋白免疫印迹技术（immunoblotting technique）是一种将凝胶电泳和免疫分析技术有机融为一体的分析技术，现已广泛应用于生物化学分子生物学、免疫学和医学等领域，在生殖内分泌研究中也是一种十分有用的分析技术。免疫印迹技术主要包括斑点印迹（dot blotting）、扩散印迹（diffusion blotting）、溶流印迹（solver flow blotting）和电泳印迹（electrophoretic blotting）等。蛋白质的凝胶电泳印迹，即 Western blot，简称 WB，应用最为广泛。

1. WB 基本原理及特点

WB 是用来检测蛋白质的一种技术。首先将含有待测蛋白的蛋白质混合物或重组表达蛋白进行凝胶电泳分离，然后将已分离的蛋白质通过电泳技术从凝胶转移到固体支持物上，即转膜。膜一般为硝酸纤维素薄膜，随后以待测蛋白质制备的抗体（称为一抗）为探针，与膜上的蛋白进行免疫反应，最后用偶联标记的抗一抗抗体（二抗）与一抗进行免疫反应，只有与一抗特异结合的待测蛋白才能与二抗发生免疫反应。常用的二抗标记有辣根过氧化物酶和碱性磷酸酯酶，它们在有显色剂底物时会发生颜色反应，即结合有一抗和二抗的目的蛋白，通过颜色反应即能显示出来。蛋白免疫印迹技术将蛋白转移到免疫印迹支持材料上并与探针结合，克服了包埋方法分辨率低的缺点。该技术检测限低，能定量蛋白质的分子质量，同时无须特殊试剂，流程短、易操作、分析结果易储存。

2. WB 具体方法

WB 实验具体方法如下：①蛋白样品制备，提取组织、细胞或细菌蛋白，测定浓度，调整上样浓度和体积，加入适量上样缓冲液，如需要对蛋白进行变性，需加入变性剂，并水浴加热。②蛋白质进行十二烷基苯磺酸钠-聚丙烯酰胺凝胶电泳（SDS-PAGE）电泳。③转膜，将蛋白印迹在膜上，常用方法有湿转和半干转。④封闭，采用血清蛋白或脱脂奶粉封闭饱和膜上未被蛋白占据的空余位点。⑤一抗孵育，用相应的探针，即含有被分离的蛋白所对应的标记配基、抗体等与膜进行反应，从中找出感兴趣的蛋白。⑥二抗孵育。⑦检测，根据标记物不同，实际测量结合在膜上的复合物的标记信号，如同位素、荧光化学发光、胶体物质和酶等信号。化学放光由于具有灵敏、安全、便捷的优点，成为免疫印迹的主流显色技术。

三、定量 PCR 技术

1. 定量 PCR 基本原理及特点

自 1985 年 PCR 方法问世以来，出现多种以 PCR 为基础的扩增技术。通常不仅需敏感判定靶 DNA 是否存在，更重要的是必须准确测定其含量。由于 PCR 技术具有极高的敏感性，扩增产物总量的变异系数常常达到 10%～30%。因此，人们普遍认为应用简单方法对 PCR 扩增的最终产物进行定量是不可靠的。随着技术的进步，20 世纪 90 年度末出现了实时定量 PCR（real time quantitative PCR）技术，利用带荧光检测的 PCR 仪对整个 PCR 过程中扩增 DNA 的累积速率绘制动态变化图，在此基础上进行定量分析，从而排除了在测定产物终端丰度时有较大的变异系数问题。

定量 PCR 根据检测方法可分为两类，一类是非特异染料法，荧光染料可以和任何 DNA 双链结合，常用的染料有 SYBR Green I；另外一种是特异引物法，一段短的 DNA 序列上具有荧光标记基团。目前应用最为广泛的、通过 SYBR Green I 染料法确定 mRNA 表达水平的定量方法如下。

SYBR Green I 染料事先混合在 PCR 反应液中，荧光染料只有与 DNA 结合后才能发出荧光。随 PCR 的循环数增加，结合染料的 DNA 增加，荧光信号相应增强，当荧光强度达到设定阈值时，此时的循环数即是 Ct 值。影响 Ct 值最关键的因素是底物浓度和引物的扩增效率，因此对于定量 PCR，引物的扩增效率需要保证在一定的范围内；另外，为消除不同样品之间因制备过程导致的浓度差异，需要选择看家基因作为 RNA 定量的内标准，常用的看家基因有 beta-actin、18S 和 eEF1A 等。

2. 实验步骤

1）总 RNA 的提取。主要有沉淀法和过柱法，可使用相应试剂盒提取。前者提取的 RNA 产量高，但实验污染较大；后者产量虽然少，但污染较小，实验时间短。

2）cDNA 合成。一般要求先去除掉基因组污染，采用无 RNA 酶活性的 DNA 酶进行处理。

3）数据采集。采用实时定量 PCR 仪检测。

4）数据分析。数据分析有 $2^{-\triangle\triangle Ct}$ 法或标准曲线法，前者简单，不需要制备标准曲线。不论哪种方法，mRNA 水平的检测数据需要更多的生物学重复以减小系统误差的可能性。

四、基于组学方法的表达和表达调控研究

核酸测序技术前后经历了 3 代大的发展。第一代测序：以双脱氧链终止法和化学降解法

为基础发展而来的测序技术，优点是准确度高，但效率低、成本高。第二代测序：以高通量为特点，主要包括罗氏的 454 技术、Illumina 的 Solexa 技术和 ABI 的 SOLiD 技术。第二代测序技术一次性能测几十万到几百万条 DNA 分子，大大缩短测序周期并降低成本，但它基于 PCR 扩增，是多分子成簇测序，因此准确性不够高，测序读长较短。第三代测序技术：区别于二代测序，为单分子直接测序技术，如目前 Pacific Biosciences 公司推出的 Pacific Bio 测序技术，具有读长达几千 bp（base pair）的优点。第二代测序技术兴起之后，大量的数据产生，诞生了基因组学、转录组学和甲基化组学等生物信息学研究。

五、转基因技术

通过基因工程手段，将某些基因转入生物体，并实现基因的异位表达，从而发挥功能，导致出现相应的表型，通过表型分析解析基因的功能，是一种获得功能的研究方法。例如，将 *Dmrt1* 在雌性尼罗罗非鱼中过表达，XX 个体逆转为雄鱼，从而证明了 *Dmrt1* 在雄性性别决定与分化中具有重要作用。

转基因技术除了应用在基因功能研究领域，也被广泛应用于育种领域。传统育种是利用选择、杂交、诱变等方法培育品种，使之出现人类所要求的遗传性状。但是，这些方法往往需要经过数代不间断地选种交配，对于一些性成熟时间很长的水产动物需要几十年才能获得优良品种。转基因技术可以打破漫长的育种周期，快速培育优良品系。转基因鱼是目前国内外获得的最成功的转基因动物之一。30 多年前，朱作言院士成功将外源生长激素基因转移到草鱼，获得了第一尾转基因鱼，证明转基因确实可以改良水产动物性状。目前，转基因技术已经比较成熟，但因转基因带来的食品安全和生态安全等问题制约了其推广应用。为避免出现这些问题，除保证转基因产品本身安全、无害，控制转基因鱼的繁殖能力最为重要。最近，美国 FDA 批准了 AquaBounty Technologies 公司生产的具有明显生长优势、商品名为 AquAdvantage 的转基因三文鱼上市。目前国内通过将转基因二倍体鲤鱼 F_1 和四倍体鲤鱼杂交，获得三倍体转基因"吉鲤"，"吉鲤"具有生长快和不育的优点。除通过三倍体技术控制育性外，还可利用转基因手段控制鱼的育性，如利用 GAL4/UAS 系统在斑马鱼实现繁殖控制，在亲代分别转入表达 GAL4 转基因质粒和 UAS 驱动的反义 *dnd* 基因表达的质粒，亲代可育，但杂交后代由于 GAL4 驱动反义 *dnd* 的表达，因此不表达 Dnd 蛋白，原始生殖细胞不能迁移，性腺不能形成，导致后代不能正常繁育。转基因技术的优势很明显，在被证实安全可靠的情况下可以应用于水产养殖。

六、基因干扰和敲除技术

RNA 干扰（RNA interference，RNAi）是指在进化过程中高度保守、由双链 RNA

（double-stranded RNA，dsRNA）诱发、同源 mRNA 高效特异性降解的现象。利用这个原理，人们发明了 RNAi 技术，在 mRNA 水平剔去目的基因。由于使用 RNAi 技术可以特异性剔除或关闭特定基因的表达，该技术已被广泛用于探索基因功能。在日本青鳉中，采用 RNAi 技术干扰其性别决定基因 Dmy，会导致由雌向雄的性别逆转。RNAi 也有其局限性，因在 mRNA 水平剔除基因，因而不能稳定遗传，发挥效率的时间不易控制，因此，基因敲除技术可弥补这个缺陷。

传统的基因敲除技术为同源重组技术（homologous recombination），最先在小鼠建立，在模式动物研究中得到了广泛应用，并在此基础上发展出了条件性敲除技术。但是该技术依赖胚胎干细胞，在绝大多数水产动物分离、培养胚胎干细胞比较困难，限制了该技术在水产动物的广泛应用。近年来，基因敲除技术飞速发展，发展出了一系列不依赖胚胎干细胞的靶向基因敲除技术。先后出现了人工锌指蛋白核酸酶（ZFN）、转录激活因子样效应物核酸酶（transcription activator-like effector nuclease，TALEN）和 CRISPR/Cas9 内切核酸酶[clustered regularly interspaced short palindromic repeats（CRISPR）-associated enzyme Cas9]。这些方法敲除基因的原理都是核酸酶酶切造成 DNA 的双链断裂，细胞自发通过同源重组（HR）或非同源末端连接（NHEJ）的 DNA 修复机制将断裂处修复，DNA 修复过程会出现一定程度的错误，插入或缺失一些碱基，造成移码或者非移码突变，以达到基因靶向编辑的目的。其中 CRISPR/Cas9 技术操作最为简单，效率高，应用前景广泛，其方法不断革新，如条件性敲除大片段基因的敲除、转基因敲入等方面。ZFN、TALEN 和 CRISPR/Cas9 相继在水产动物中建立并应用，特别是 CRISPR/Cas9 技术，由于其简单高效廉价，受到了广泛的追捧。

七、正向遗传学分析技术

大量基因突变会影响人类生殖发育及内分泌。例如，人类肾母细胞瘤（Wilms' tumor 1，WT1）基因突变会导致性腺发育异常。在水产动物中，同样可以通过遗传分析，定位生殖内分泌相关基因。可以利用天然突变体，也可以人为诱导产生突变体，利用突变体构建遗传群体，然后进行遗传连锁分析，定位相关基因。例如，诱导青鳉 amhr II 基因发生 hotei 突变，会导致部分雄鱼发生性别逆转，且雌鱼卵子发生异常。水产动物具有繁殖量大的特点，能进行很好的正向遗传突变筛选，斑马鱼和青鳉已经成为正向遗传筛选的模式动物。

八、结束语

由于分子生物学的兴起及交叉学科的不断出现，内分泌学研究方法和技术不断更新，但因篇幅限制，本书未能一一列出。例如，研究蛋白质和 DNA 相互作用的 ChIP-seq、研究基因表达调控的非编码 microRNA 和 lncRNA、研究蛋白质相互作用的噬菌体展示技术，等等。

很多离体研究手段有其自身局限性，但将离体研究和在体实验结合，可以得到更科学的结论。水产动物繁殖内分泌学同样以实验为基础，因而，采用多种实验技术进行研究，无疑会大大促进该领域的发展。水产动物还具有丰富多样的特点，采用多种实验技术进行系统研究，使水产动物成为一个丰富模型库，极大地丰富了内分泌学研究范畴。

参 考 文 献

蔡中华，陈艳萍，周进，等，2012. 生物标志物（Biomarkers）在海洋环境检测中的研究与进展. 生命科学，24（9）：1035-1048.

陈原，洪万树，陈仕玺，等，2016. 赤点石斑鱼促性腺激素及其受体基因的克隆和表达模式分析. 厦门大学学报（自然科学版），55（1）：37-45.

冯海伟，2017. 尼罗罗非鱼两个 ERβ 基因敲除系的建立及其功能解析. 重庆：西南大学.

高金伟，习丙文，谢骏，2017. 鱼类瘦素的研究进展. 江苏农业科学，45（17）：20-23.

贺竹梅，2011. 现代遗传学教程——从基因到表型的剖析. 2 版. 北京：高等教育出版社.

洪楚章，2012. 四十年台湾沿岸海域环境研究之回顾. 环境保护前沿，2（3）：25-31.

胡芳琴，2016. 池蝶蚌 Dmrt1 的分子特征与蛋白功能研究. 南昌：南昌大学.

胡青，2015. 黄鳝性逆转相关基因的克隆及其调控机制的研究. 武汉：华中农业大学.

胡自强，胡运瑾，1997. 河蟹生殖系统的形态学和组织结构. 湖南师范大学自然科学学报，20（3）：71-76.

梁少帅，2014. Sox2 在栉孔扇贝（Chlamys farreri）早期发育和性腺年周期发育过程中的表达分析. 青岛：中国海洋大学.

林浩然，1987. 鱼类生殖内分泌学研究的进展及其在渔业生产中的应用. 动物学杂志，（1）：47-55.

刘建国，2014. 栉孔扇贝（Chlamys farreri）性类固醇激素和17b-羟类固醇脱氢酶8在性腺发育过程中的潜在作用. 青岛：中国海洋大学.

刘瑞玉，2003. 现生甲壳动物（CRUSTACEA）最新分类系统简介//中国甲壳动物学会. 甲壳动物学论文集. 北京：科学出版社：76-86.

刘颖，2014. 环境雌激素 17b-E2 对栉孔扇贝内分泌干扰的作用机制. 大连：大连海洋大学.

吕绍巾，张天民，赵文，2017. 鱼类促性腺激素基因研究进展. 生物学杂志，34（3）：82-86.

孟庆闻，缪学组，俞泰济，等，1987. 鱼类学. 上海：上海科学技术出版社.

倪健斌，2013. 福建牡蛎（Crassostrea angulata）生殖内分泌研究. 厦门：厦门大学.

宁光，2013. 内分泌学高级教程. 北京：人民军医出版社.

秦贞奎，2011. 栉孔扇贝（Chlamys farreri）性别分化相关基因的筛选以及两个相关基因的表达分析. 青岛：中国海洋大学.

苏锦祥，1995. 鱼类学与海水鱼类养殖. 北京：中国农业出版社.

王镜岩，徐圣庚，徐长法，2002. 生物化学. 3 版. 北京：高等教育出版社.

王克行，1997. 虾蟹类生物学. 北京：中国农业出版社.

王文杰，潘奕达，周于娜，等，2014. 管角螺性畸变现象的组织解剖学研究及扫描电镜观察. 水产学报，38（11）：1865-1878.

魏华，吴垠，2011. 水产动物生理学. 2 版. 北京：中国农业出版社.

肖丽萍，王淑红，邹志华，等，2013. 有机锡致海洋腹足类性畸变分子机制的研究进展. 生态毒理学报，8（3）：315-323.

徐仁宝，蒋道隆，1983. 激素对激素受体的调节. 生理科学进展，14（2）：153-158.

徐宗芹，王梅芳，梁飞龙，等，2009. 企鹅珍珠贝生殖细胞的发生. 广东海洋大学学报，29（6）：32-35.

杨秀平，肖向红，李大鹏，2016. 动物生理学. 北京：高等教育出版社.

于非非，王梅芳，桂建芳，等，2016. 马氏珠母贝 *Sox11* 基因的克隆及时序表达模式分析. 水生生物学报，40（1）：71-75.

曾柳根，徐灵，王军花，等，2012. 池蝶蚌 *Sox2* 基因在不同组织及不同月龄精巢中的表达. 水生生物学报，36（2）：205-211.

张金勇，柳学周，史宝，等，2017. 促性腺激素调控半滑舌鳎（*Cynoglossus semilaevis*）卵母细胞孕酮受体膜组分 1 的表达特征. 渔业科学进展，38（1）：42-47.

张娜，黄雯，许飞，等，2015. 长牡蛎（*Crassostrea gigas*）两个 Dmrt 家族基因的时空表达. 海洋与湖沼，46（3）：717-724.

周进，吕意华，殷萌清，等，2014. 双酚 A 对九孔鲍胚胎发育的影响. 中国科技论文在线，http：//www.paper.edu.cn.

周丽青，杨爱国，王清印，等，2015. 虾夷扇贝不同性别类型 2 个 Dmrt 基因 DM 结构域分析. 海洋科学，39（3）：19-25.

Kronenberg H，2011. 威廉姆斯内分泌学. 11 版. 向红丁等，译. 北京：人民军医出版社.

Aida K，1988. A review of plasma hormone changes during ovulation in cyprinid fishes. Aquaculture，74（1-2）：11-21.

Benstead RS，Baynes A，Casey D，et al.，2011. 17β-Oestradiol may prolong reproduction in seasonally breeding freshwater gastropod molluscs. Aquatic Toxicology，101：326-334.

Bettin C，Oehlmann J，Stroben E，1996. TBT-induced imposex in marine neogastropods is mediated by an increasing androgen level. Helgoländer Meeresuntersuchungen，50（3）：299-317.

Bigot L，Zatylny-Gaudin C，Rodet F，et al.，2012. Characterization of GnRH-related peptides from the Pacific oyster *Crassostrea gigas*. Peptides，34（2）：303-310.

Blasco M，Somoza GM，Vizziano-Cantonnet D，2013. Presence of 11-ketotestosterone in pre-differentiated male gonads of *Odontesthes bonariensis*. Fish Physiol Biochem，39（1）：71-74.

Bloch CL，Kedar N，Golan M，et al.，2014. Long-term GnRH-induced gonadotropin secretion in a novel hypothalamo-pituitary slice culture from tilapia brain. General & Comparative Endocrinology，207：21-27.

Carreau S，Drosdowsky M，1977. The *in vitro* biosynthesis of steroids by the gonad of the Cuttlefish（*Sepia officinalis* L.）. General and Comparative Endocrinology，33（4）：554-565.

Chandler JC，Elizur A，Ventura T，2018. The decapod researcher's guide to the galaxy of sex determination. Hydrobiologia，825（1）：61-80.

Chang JP，Pemberton JG，2018. Comparative aspects of GnRH-stimulated signal transduction in the vertebrate pituitary contributions from teleost model systems. Molecular and Cellular Endocrinology，（463）：142-167.

Chaves-Pozo E，Liarte S，Vargas-Chacoff L，et al.，2007. 17Beta-estradiol triggers post spawning in spermatogenically active gilthead seabream（*Sparus aurata* L.）males. Biol Reprod，76（1）：142-148.

Chen SX，Bogerd J，SchoonenNE，et al.，2013. A progestin（17alpha，20beta-dihydroxy-4- pregnen-3-one）stimulates early stages of spermatogenesis in zebrafish. Gen Comp Endocrinol，185：1-9.

Chi ML，Meng N，Li JF，et al.，2015. Molecular cloning and characterization of gonadotropin subunits（GTHα，FSHβ and LHβ）and their regulation by hCG and GnRHa in Japanese sea bass（*Lateolabrax japonicas*）*in vivo*. Fish Physiology & Biochemistry，41（3）：587-601.

Crowder CM，Lassiter CS，Gorelick DA，2018. Nuclear androgen receptor regulates testes organization and oocyte maturation in Zebrafish. Endocrinology，159（2）：980-993.

D'Aniello A，Cosmo AD，Cristo CD，et al.，1996. Occurrence of sex steroid hormones and their binding proteins in *Octopus vulgaris* Lam. Biochemical and Biophysical Research Communications，227（3）：782-788.

Dall W，Hill BJ，Rothlisoborg PC，et al.，1990. The Biology of the Penaeidae. Sydney：Academic Press.

de Castro Assis LH，de Nóbrega RH，Gómez-González NE，et al.，2018. Estrogen-induced inhibition of spermatogenesis in zebrafish is largely reversed by androgen. J Mol Endocrinol，60（4）：273-284.

de Longcamp D，Lubet P，Drosdowsky M，1974. The *in vitro* biosynthesis of steroids by the gonad of the mussel（*Mytilus edulis*）. General and Comparative Endocrinology，22（1）：116-127.

Deng XX，Pan LQ，Cai YF，et al.，2016. Transcriptomic changes in the ovaries of scallop *Chlamys farreri* exposed to benzo［a］pyrene . Genes & Genomics，38（6）：509-518.

Deng XX，Pan LQ，Miao JJ，et al.，2014. Digital gene expression analysis of reproductive toxicity of benzo［a］pyrene in male scallop *Chlamys farreri*. Ecotoxicology and Environmental Safety，110：190-196.

Di Cosmo A，Di Cristo C，Paolucci M，2001. Sex steroid hormone fluctuations and morphological changes of the reproductive system of the female of *Octopus vulgaris* throughout the annual cycle. The Journal of Experimental Zoology，289（1）：33-47.

Di Cristo C，2013. Nervous control of reproduction in *Octopus vulgaris*：a new model. Invertebrate Neuroscience，13：27-34.

Feng R，Fang L，Cheng Y，et al.，2015. Retinoic acid homeostasis through aldh1a2 and cyp26a1 mediates meiotic entry in Nile tilapia（*Oreochromis niloticus*）. Sci Rep，5：10131.

Fernandino JI，Hattori RS，Kishii A，et al.，2012. The cortisol and androgen pathways cross talk in high temperature-induced masculinization：the 11β-hydroxysteroid dehydrogenase as a key enzyme. Endocrinology，153（12）：6003-6011.

Forsgren KL，Young G，2012. Stage-specific effects of androgens and estradiol-17beta on the development of late primary and early secondary ovarian follicles of coho salmon（*Oncorhynchus kisutch*）*in vitro*. Biol Reprod，87（3）：64.

Ganji Purna Chandra Nagaraju，2010. Reproductive regulators in decapod crustaceans: an overview. The Journal of Experimental Biology，214：3-16.

Gauthier-Clerc S，Pellerin J，Amiard JC，2006. Estradiol-17beta and testosterone concentrations in male and female *Mya arenaria*（Mollusca：Bivalvia）during the reproductive cycle. General and Comparative Endocrinology，145（2）：133-139.

Gennotte V，Me'lard C，D'Cotta H，et al.，2014. The sensitive period for male-to-female sex reversal begins at the embryonic stage in the Nile tilapia and is associated with the sexual genotype. Mol Reprod Dev，81：1146-1158.

Giusti A，Leprince P，Mazzucchelli G，et al.，2013. Proteomic analysis of the reproductive organs of the hermaphroditic gastropod *Lymnaea stagnalis* exposed to different endocrine disrupting chemicals. PloS One，8（11）：e81086.

Gooding MP，LeBlanc GA，2004. Seasonal variation in the regulation of testosterone levels in the eastern mud snail（*Ilyanassa obsoleta*）. Invertebrate Biology，123（3）：237-243.

Guzmán J，Luckenb J，Denis A，et al.，2018. Seasonal variation of pituitary gonadotropin subunit，brain-type aromatase and sex steroid receptor mRNAs，and plasma steroids during gametogenesis in wild sablefish. Comparative Biochemistry and Physiology Part A：Molecular & Integrative Physiology，219-220：48-57.

Herpin A，Schartl M，2015. Plasticity of gene-regulatory networks controlling sex determination：of masters，slaves，usual suspects，newcomers，and usurpators. EMBO Reports，16：1260-1274.

Horie Y，Kobayashi T，2015. Gonadotrophic cells and gonadal sex differentiation in medaka：Characterization of several northern and southern strains. Journal of Experimental Zoology，323（6）：392-397.

Horie Y，Shimizu A，Adachi S，et al.，2014. Expression and localization of gonadotropic hormone subunits（Gpa，Fshb，and Lhb）in the pituitary during gonadal differentiation in medaka. General & Comparative Endocrinology，204（2）：173-180.

Iwakoshi-Ukena E，Hisada M，Minakata H，2000. Cardioactive peptides isolated from the brain of a Japanese octopus，*Octopus minor*. Peptides，21：623-630.

Johnson JI，Kavanaugh SI，Nguyen C，et al.，2014. Localization and functional characterization of a novel adipokinetic hormone in the mollusk，*Aplysia californica*. PLoS One，9（8）：e106014.

Kah O，Lethimonier C，Somoza G，et al.，2007. GnRH and GnRH receptors in metazoa: a historical，omparative， and evolutive perspective. Gen Comp Endocrinol，153：346-364.

Kaloyianni M，Stamatiou R，Dailianis S，2005. Zinc and 17β-estradiol induce modifications in Na⁺/H⁺ exchanger and pyruvate kinase activity through protein kinase C in isolated mantle/gonad cells of *Mytilus galloprovincialis*. Comparative Biochemistry & Physiology Toxicology & Pharmacology Cbp，141（3）：260-266.

Ketata I，Guermazi F，Rebai T，et al.，2007. Variation of steroid concentrations during the reproductive cycle of the clam *Ruditapes decussatus*：a one year study in the gulf of Gabbs area. Comparative Biochemistry and Physiology Part A，Molecular and Integrative Physiology，147（2）：424-431.

Lau ES，Zhang Z，Qin M，et al.，2016. Knockout of zebrafish ovarian aromatase gene（cyp19a1a）by TALEN and CRISPR/Cas9 leads to all-male offspring due to failed ovarian differentiation. Sci Rep，6：37357.

LeBlanc GA，Gooding MP，Sternberg RM，2005. Testosterone-fatty acid esterification：A unique target for the endocrine toxicity of tributyltin to gastropods. Integrative and Comparative Biology，45（1）：81-87.

Liu W，Li Q，Yuan Y，et al.，2008. Seasonal variations in reproductive activity and biochemical composition of the cockle *Fulvia mutica*（Reeve）from the eastern coast of China. Journal of Shellfish Research，27（2）：405-411.

Lu H，Cui Y，Jiang L，et al.，2017. Functional analysis of nuclear estrogen receptors in Zebrafish reproduction by genome editing approach. Endocrinology，158（7）：2292-2308.

Lu M，Horiguchi T，Shiraishi H，et al.，2001. Identification and quantitation of steroid hormones in marine gastropods by GC/MS. Bunsekl Kagaku，50（4）：247-256.

Lu M，Horiguchi T，Shiraishi H，et al.，2002. Determination of testosterone in all individual shell of *Thais clavigera* by ELISA. Bunseki Kagaku，51（1）：21-28.

Martínez P，Viñas AM，Sánchez L，et al.，2014. Genetic architecture of sex determination in fish：applications to sex ratio control in aquaculture. Frontiers in Genetics，5：340.

Martyniuk CJ，Bissegger S，Langlois VS，2014. Reprint of "Current perspectives on the androgen 5 alpha-dihydrotestosterone（DHT）and 5 alpha-reductases in teleost fishes and amphibians". Gen Comp Endocrinol，203：10-20.

Mazón J，Molés G，Rocha A，et al.，2015. Gonadotropins in European sea bass：Endocrine roles and biotechnological applications. Gen Comp Endocrinol，221：31-41.

Millar RP，Newton CL，2013. Current and future applications of GnRH，kisspeptin and neurokinin B analogues. Nature Reviews Endocrinology，9（8）：451.

Miranda LA，Chalde T，Elisio M，et al.，2013. Effects of global warming on fish reproductive endocrine axis，with special emphasis in pejerrey *Odontesthes bonariensis*. General and Comparative Endocrinology，192：45-54.

Miura T，Higuchi M，Ozaki Y，et al.，2006. Progestin is an essential factor for the initiation of the meiosis in spermatogenetic cells of the eel. Proceedings of the National Academy of Sciences of the United States of America，103：7333-7338.

Mouneyrac C，Linot S，Amiard JC，et al.，2008. Biological indices，energy reserves，steroid hormones and sexual maturity in the infaunal bivalve *Scrobicularia plana* from three sites differing by their level of contamination. General and Comparative Endocrinology，157：133-141.

Munoz-Cueto J，Paullada-Salmeron J，Aliaga-Guerrero M，et al.，2017. A journey through the gonadotropin-inhibitory hormone system of fish. Frontiers in Endocrinology，8：285.

Murata R，Kobayashi Y，Karimata H，et al.，2012. The role of pituitary gonadotropins in gonadal sex differentiation in the protogynous *Malabar grouper*，*Epinephelus malabaricus*. General & Comparative Endocrinology，178（3）：587-592.

Nagaraju GPC，2011. Reproductive regulators in decapod crustaceans：an overview. Journal of Experimental Biology，214（1）：3-16.

Nagasawa K，Oouchi H，Itoh N，et al.，2015. *In vivo* administration of scallop GnRH-like peptide influences on gonad development in the yesso scallop，*Patinopecten yessoensis*. PLoS One，10（6）：e0129571.

Nakamoto M，Shibata Y，Ohno K，et al.，2018. Ovarian aromatase loss-of-function mutant medaka undergo ovary degeneration and partial female-to-male sex reversal after puberty. Mol Cell Endocrinol，460：104-122.

Nakamura S，Osada M，Kijima A，2007. Involvement of GnRH neuron in the spermatogonial proliferation of the scallop，*Patinopecten yessoensiss*. Molecular Reproduction and Development，74（1）：108-115.

Negrato E，Marin MG，BertoRo D，et al.，2008. Sex steroids in *Tapes philippinarum*（Adams and Reeve 1850）during the gametogeniccycle：preliminary results. Fresenius Environ Bull，17：1466-1470.

Ni J，Zeng Z，Han G，et al.，2012. Cloning and characterization of the *follistatin* gene from *Crassostrea angulata* and its expression during the reproductive cycle. Comparative Biochemistry and Physiology Part B：Biochemistry and Molecular Biology，163（2）：246-253.

Ni J，Zeng Z，Ke C，2013. Sex steroid levels and expression patterns of estrogen receptor gene in the oyster *Crassostrea angulate* during reproductive cycle. Aquaculture，376-379：105-116.

Nozu R，Nakamura M，2015. Cortisol administration induces sex change from ovary to testis in the protogynous wrasse，*Halichoeres trimaculatus*. Sex Dev，9（2）：118-124.

Ohad R，Rivka M，Simy W，et al.，2010. A sexual shift induced by silencing of a single insulin-like gene in crayfish：ovarian upregulation and testicular degeneration. PLoS One，5（12）：e15281.

Okuzawa K，Gen K，2013. High water temperature impairs ovarian activity and gene expression in the brain-pituitary-gonadal axis in female red seabream during the spawning season. General & Comparative Endocrinology，194（12）：24-30.

Osada M，Harata M，Kishida M，et al.，2004a. Molecular cloning and expression analysis of vitellogenin in scallop，*Patinopecten yessoensis*（Bivalvia：Mollusca）. Molecular Reproduction and Development，67（3）：273-281.

Osada M，Nakata A，Matsumoto T，et al.，1998. Pharmacological characterization of serotonin receptor in the oocyte membrane of bivalve Molluscs and its formation during oogenesis. The Journal of Experimental Zoology，281：124-131.

Osada M，Tawarayama H，Mori K，2004b. Estrogen synthesis in relation to gonadal development of Japanese scallop，*Patinopecten yessoensis*：gonadal profile and immunolocalization of P450 aromatase and estrogen. Comparative Biochemistry and Physiology Part B：Biochemistry and Molecular Biology，139（1）：123-128.

Osada M，Treen N，2013. Molluscan GnRH associated with reproduction. General and Comparative Endocrinology，181：254-258.

Otani A，Nakajima T，Okumura T，et al.，2017. Sex reversal and analyses of possible involvement of sex steroids in scallop gonadal development in newly established organ-culture systems. Zoological Science，34（2）：86-92.

Park JJ，Kim H，Kang SW，et al.，2012. Sex ratio and sex reversal in two-year-old class of oyster，*Crassostrea gigas*（Bivalvia：Ostreidae）. Development & Reproduction，16（4）：385-388.

Park JJ，Shin YK，Hung SSO，et al.，2015. Reproductive impairment and intersexuality in *Gomphina veneriformis*（Bivalvia：Veneridae）by the tributyltin compound. Animal Cells and Systems，19：16-68.

Passini G，Sterzelecki FC，de Carvalho CVA，et al.，2018. 17alpha-Methyltestosterone implants accelerate spermatogenesis in common snook，*Centropomus undecimalis*，during first sexual maturation. Theriogenology，106：134-140.

Paul-Prasanth B，Bhandari RK，Kobayashi T，et al.，2013. Estrogen oversees the maintenance of the female genetic program in terminally differentiated gonochorists. Sci Rep，3：2862.

Pazos AJ，Mathieu M，1999. Effects of five natural gonadotropin-releasing hormones on cell suspensions of marine bivalve gonad：stimulation of gonial DNA synthesis. General and Comparative Endocrinology，113（1）：112-120.

Piferrer F，2001. Endocrine sex control strategies for the feminization of teleost fish. Aquaculture，197（1）：229-281.

Roch G，Busby E，Sherwood N，2011. Evolution of GnRH：diving deeper. General & Comparative Endocrinology，171（1）：1-16.

Saaverdra L，Leonardi M，Morin V，et al.，2012. Inducton of vitellogenin-like lipoproteins in the mussel *Aulaconm ater* under exposure to 17β-estradiol. Revista De Biologia Marina Y Oceanografia，47：429-438.

Santos JA，Galante-Oliveira S，Barroso C，2011. An innovative statistical approach for analysing non-continuous variables in environmental monitoring：assessing temporal trends of TBT pollution. Journal of Environmental Monitoring，13（3）：673-680.

Santos MM，Castro L，Vieira MN，et al.，2005. New insights into the mechanism of imposex induction in the dogwhelk *Nucella lapillus*. Comparative Biochemistry and Physiology Part C：Toxicology and Pharmacology，141（1）：101-109.

Shin YK，Park JJ，Choi JS，et al.，2014. Indirect evidence on sex reversal of *Sinonovacula constricta*（Bivalvia：Euheterodonta）and *Gomphina veneriformis*（Bivalvia：Veneridae）. Development & Reproduction，18（2）：73-78.

Shlomo M，Polonsky KS，Larsen PR，et al.，2011. Williams Textbook of Endocrinology. 12th ed. Amsterdam：Elsevier Saunders.

Siah A，Pellerin J，Amiard JC，et al.，2003. Delayed gametogenesis and progesterone levels in soft-shell clams （*Mya arenaria*）in relation to *in situ* contamination to organotins and heavy metals in the St. Lawrence River （Canada）. Comparative Biochemistry and Physiology Part C：Toxicology and Pharmacology，135（2）：145-156.

Siah A，Pellerin J，Benosman A，et al.，2002. Seasonal gonad progesterone pattern in the soft-shell clam *Mya arenaria*. Comparative Biochemistry and Physiology Part A：Molecular and Integrative Physiology，132：499-511.

Sower SA，Decatur WA，Joseph NT，et al.，2012. Evolution of vertebrate GnRH receptors from the perspective of a basal vertebrate. Frontiers in Endocrinology，3：140.

Sternberg RM，Gooding MP，Hotnckiss AK，et al.，2010. Environmental-endocrine control of reproductive maturation in gastropods：implications for the mechanism of tributyltin-induced imposex in prosobranchs. Ecotoxicology，19（1）：4-23.

Sun B，Kavanaugh SI，Tsai PS，2012. Gonadotropin-releasing hormone in protostomes：insights from functional studies on *Aplysia californica*. General and Comparative Endocrinology，176：321-326.

Sun B，Tsai PS，2011. A Gonadotropin-releasing hormone-like molecule modulates the activity of diverse central neurons in a gastropod mollusk，*Aplysia californica*. Frontiers in Endocrinology，2：36.

Sun LN，Jiang XL，Xie QP，et al.，2014. Transdifferentiation of differentiated ovary into functional testis by long-term treatment of aromatase inhibitor in Nile tilapia. Endocrinology，155（4）：1476-1488.

Takatsu K，Miyaoku K，Roy SR，et al.，2013. Induction of female-to-male sex change in adult zebrafish by aromatase inhibitor treatment. Sci Rep，3：3400.

Tanabe T，Osada M，Kyozuka K，et al.，2006. A novel oocyte maturation arresting factor in the central nervous system of scallops inhibits serotonin-induced oocyte maturation and spawning of bivalve mollusks. General and Comparative Endocrinology，147：352-361.

Tang H，Chen Y，Wang L，et al.，2018. Fertility impairment with defective spermatogenesis and steroidogenesis in male zebrafish lacking androgen receptor. Biol Reprod，98（2）：227-238.

Tao W，Yuan J，Zhou L，et al.，2013. Characterization of gonadal transcriptomes from Nile tilapia（*Oreochromis niloticus*）reveals differentially expressed genes. PLoS One，8（5）：e63604.

Teaniniuraitemoana V，Leprêtre M，Levy P，et al.，2016. Effect of temperature，food availability，and estradiol injection on gametogenesis and gender in the pearl oyster *Pinctada margaritifera*. Journal of Experimental Zoology. Part A，Ecological Genetics and Physiology，325（1）：13-24.

Thomas P，2017. Role of G-protein-coupled estrogen receptor（GPER/GPR30）in maintenance of meiotic arrest in fish oocytes. J Steroid Biochem Mol Biol，167：153-161.

Tostivint H，2011. Evolution of the gonadotropin-releasing hormone（GnRH）gene family in relation to vertebrate tetraploidizations. General & Comparative Endocrinology，170（3）：575-581.

Treen N，Itoh N，Miura H，et al.，2012. Mollusc gonadotropin-releasing hormone directly regulates gonadal functions：a primitive endocrine system controlling reproduction. General and Comparative Endocrinology，176：167-172.

Ubuka T，Son Y，Tsutsui K，et al.，2016. Molecular, cellular, morphological, physiological and behavioral aspects of gonadotropin-inhibitory hormone. General & Comparative Endocrinology，227：27-50.

Wang B，Yang G，Liu Q，et al.，2018. Characterization of LPXRFa receptor in the half-smooth tongue sole （*Cynoglossus semilaevis*）：molecular cloning，expression profiles，and differential activation of signaling pathways by LPXRFa peptides. Comp. Biochem. Physiol. Part A：Mol. Integr. Physiol，223：23-32.

Xie QP，He X，Sui YN，et al.，2016. Haploinsufficiency of SF-1 causes female to male sex reversal in Nile tilapia，*Oreochromis niloticus*. Endocrinology，157（6）：2500-2514.

Yan H，Li Q，Liu W，et al.，2011. Seasonal changes of oestradiol-17β and testosterone concentrations in the gonad of the razor clam *Sinonovacula constricta*（Lamarck，1818）. Journal of Molluscan Studies，77：116-122.

Yang B，Ni J，Zeng Z，et al.，2013. Cloning and characterization of the dopamine like receptor in the oyster *Crassostrea angulata*：expression during the ovarian cycle. Comparative Biochemistry and Physiology Part B：Biochemistry and Molecular Biology，164（3）：168-175.

Yin Y，Tang H，Liu Y，et al.，2017. Targeted disruption of aromatase reveals dual functions of cyp19a1a during sex differentiation in Zebrafish. Endocrinology，158（9）：3030-3041.

Yuan Y，Tanabe T，Maekawa F，et al.，2012. Isolation and functional characterization for oocyte maturation and sperm motility of the oocyte maturation arresting factor from the Japanese scallop，*Patinopecten yessoensis*. General and Comparative Endocrinology，179：350-357.

Zhai HN，Zhou J，Cai ZH，2012. Cloning，characterization，and expression analysis of a putative 17 beta-hydroxysteroid dehydrogenase 11 in abalone，Haliotis diversicolor supertexta. Journal of Steroid Biochemistry and Molecular Biology，130（1）：57-63.

Zhang H，Pan L，Zhang L，et al.，2012. Molecular cloning and characterization of estrogen receptor gene in the scallop *Chlamys farreri*：expression profiles in response to endocrine disrupting chemicals. Comparative Biochemistry and Physiology Part C：Toxicology & Pharmacology，156：51-57.

Zhang X，Li M，Ma H，et al.，2017. Mutation of foxl2 or cyp19a1a results in female to male sex reversal in XX Nile tilapia. Endocrinology，158（8）：2634-2647.

Zhou J，Gao YF，Li L，et al.，2011. Identification and functional characterization of a putative 17 beta-hydroxysteroid dehydrogenase 12 in abalone（Haliotis diversicolor supertexta）. Molecular and Cellular Biochemistry，354（1）：123-133.

Zhu W，Mantione K，Jones D，et al.，2003. The presence of 17-beta estradiol in Mytilus edulis gonadal tissues：Evidence for estradiol isoforms. Neuroendocrinology Letters，24（3-4）：137-140.

附录 中英文对照

3β-hydroxysteroid dehydrogenase，3β-HSD   3β-羟基类固醇脱氢酶

5-hydroxytryptamine，5-HT   5-羟色胺

11-ketotestosterone，11-KT   11-酮基睾酮

11β-hydroxysteroid dehydrogenase type 2，11β-HSD2   11β-羟基类固醇脱氢酶 2

17α-methyl testosterone，17α-MT   17α-甲基睾酮

17，20-lyase   17，20-裂解酶

17-hydroxyprogesterone   17-羟孕酮

17β-estrodiol，E_2 17β-雌二醇

17α，20β，21-trihydroxy-4-pregnen-3-one，20β-S   17α，20β，21-三羟孕酮

17α，20β-dihydroxy-4-pregnen-3-one，17α，20β-DHP   17α，20β-二羟基-4-孕烯-3-酮

17α-hydroxylase   17α-羟化酶

17α-hydroxypregnenolone   17α-羟基孕烯醇酮

17α-hydroxyprogesterone，17α-OHP   17α-羟孕酮

17β-hydroxysteroid dehydrogenase，17β-HSD   17β-羟基类固醇脱氢酶

20-hydroxyecdysone，20-HE   20-羟基蜕皮激素

adenylyl cyclase，AC   腺苷酸环化酶

adipokinetic hormone，AKH   脂肪酸释放激素

adrenocorticotropic hormone，ACTH   促肾上腺皮质激素

androgenesis   雄核发育

androgenic gland，AG   促雄性腺

androstenedione   雄烯二酮

anterior nucleus preopticus periventricularis，aNPP   前腹视前围脑室核

antidiuretic hormone，ADH   抗利尿激素

anti-Müllerian hormone，Amh   抗米勒管激素

autoradiography   放射自显影

basement membrane，BM	基膜
benzo[a]phrene，BaP	苯并（a）芘
biphenol A，BPA	双酚 A
caudodorsal cell hormone，CDCH	尾背细胞激素
chromatin immunoprecipitation，ChIP	染色质免疫共沉淀技术
clustered regularly interspaced short palindromic repeats（CRISPR）-associated enzyme Cas9	CRISPR/Cas9 内切核酸酶
corazonin，Crz	冠蛋白
corticotropin releasing hormone，CRH	促肾上腺皮质激素释放激素
crustacean hyperglycemic hormone，CHH	高血糖激素
cytochrome P450 family 11 subfamily A polypeptide 1，Cyp11a1	细胞色素 P450 第 11 家族 A 亚家族多肽 1
cytochrome P450 family 11 subfamily B polypeptide 1，Cyp11b1	细胞色素 P450 第 11 家族 B 亚家族多肽 1
cytochrome P450 family 11 subfamily B polypeptide 2，Cyp11b2	细胞色素 P450 第 11 家族 B 亚家族多肽 2
cytochrome P450 family 17 subfamily A，Cyp17a	细胞色素 P450 第 17 家族 A 亚家族（17α-羟化酶/17，20-裂解酶）
cytochrome P450 family 19 subfamily A polypeptide 1，Cyp19a1	细胞色素 P450 第 19 家族 A 亚家族多肽 1
cytochrome P450 family 21 subfamily A polypeptide 2，Cyp21a2	细胞色素 P450 第 21 家族 A 亚家族多肽 2
dehydroepiandrosterone	脱氢表雄酮
diacylglycerol，DAG	二酰甘油
diethylstilbestrol，DES	己烯雌酚
diffusion blotting	扩散印迹
dopamine，DA	多巴胺
dorsal body hormones，DBH	背体激素
dot blotting	斑点印迹
double stranded DNA，dsDNA	双链 DNA
double-stranded RNA，dsRNA	双链 RNA
early vitellogenesis，EV	卵黄发生早期
egg-laying hormone，ELH	产卵激素
electron microscope，EM	电子显微镜

electrophoretic blotting	电泳印迹
electrophysiology	电生理学
environment-dependent sex determination，ESD	环境依赖型性别决定
estrogen receptor，ER	雌激素受体
factor in the germline alpha，Figlα	生殖细胞因子 α
follicle-stimulating hormones，FSH	促卵泡激素
gonad stimulating factors，GSF	性腺刺激因子
gonadal soma-derived factor，gsdf	性腺体细胞因子
gonad-inhibiting hormone，GIH	性腺抑制激素
gonadosomatic index，GSI	性腺指数
gonadotropin，GtH	促性腺激素
gonadotropin release-inhibitory factor，GRIF	促性腺激素释放抑制因子
gonadotropin-inhibitory hormone，GnIH	促性腺激素抑制激素
gonadotropin-releasing hormone，GnRH	促性腺激素释放激素
growth hormone，GH	生长激素
gynogenesis	雌核发育
homologous recombination	同源重组技术
human chorionic gonadotropin，HCG	人绒毛膜促腺激素
hypothalamus-pituitary-gonad，HPG	下丘脑-垂体-性腺
immature，Immat	未成熟的
immunoblotting technique	印迹技术
immunohistochemistry，IHC	免疫组织化学
in situ hybridization，ISH	原位杂交
inositol triphosphate，IP₃	肌醇三磷酸
insulin-like androgenic gland hormone binding protein，IAGBP	胰岛素样促雄性腺激素结合蛋白
insulin-like androgenic gland hormone，IAG	胰岛素样促雄性腺激素
isotope	同位素
isotopic tracer method	同位素示踪法
labile period	不稳定期
late recrudescence，LR	复发晚期
late vitellogenesis，LV	卵黄发生晚期
long non-coding RNA，lncRNA	长链非编码 RNA
luteinizing hormone releasing hormone agonist，LHRH-A	促黄体生成激素释放激素激动剂
luteinizing hormones，LH	黄体生成素

luteinizing hormone releasing hormone，LHRH	促黄体生成素释放激素
mandibular organ-inhibiting hormone，MOIH	大颚器抑制激素
mandibular organ，MO	大颚器
marker assistant selection，MAS	分子标记辅助选育技术
methyl farnesoate，MF	甲基法尼酯
microRNA	微 RNA
mid recrudescence，MR	复发中期
mid vitellogenesis，MV	卵黄发生中期
molt-inhibiting hormone，MIH	蜕皮抑制激素
negative staining	负染法
neurosecretory fibe，NE	神经分泌纤维
non-homologous end joining，NHEJ	非同源末端连接
nucleus preopticus periventricularis，NPP	视前围脑室核
octopamine，OA	章鱼胺
onset of secondary growth，OSG	次生生长起始期
ovulation，Ovul	排卵
oxytocin，OXT	催产素
pars intermedia，pi	中间部（垂体）
periovulatory，PO	排卵期
plaque of coloninglift	集落印斑
post-ovulation，Postovul	排卵后
postspawning，PS	产卵后
pregnenolone	孕烯醇酮
preoptic area，POA	视前区
primordial germ cell，PGC	原始生殖细胞
progesterone	孕酮
prolactin，PRL	催乳素
proximal pars distalis，ppd	远侧近端
real time quantitative PCR	实时定量 PCR
RNA interference，RNAi	RNA 干扰
rostral pars distalis，rpd	远侧喙部
sex-determining region on Y chromosome，Sry	Y 染色体上的性别决定片段
steroidogenic factor 1，Sf1	类固醇生成因子 1
single stranded DNA，ssDNA	单链 DNA

sodium dodecyl benzene sulfonate-polyacrylamide gel electrophoresis，SDS-PAGE	十二烷基苯磺酸钠-聚丙烯酰胺凝胶电泳
solver flow blotting	溶流印迹
somatolactin，SL	生长促乳素
spermiation，Sperm	精子释放
spiperone，SP	螺旋哌丁苯
steroid dose	激素剂量
steroidogenic acute regulatory protein，StAR	类固醇激素合成急性调节蛋白
tegmentum，TEG	被盖
temperature-dependent sex determination，TSD	温度依赖型性别决定
terminal nerve，TN	端神经
testicular recrudescence，Test. Rec.	睾丸复发
testosterone，T	睾酮
thoracic ganglia，TG	胸神经节
thyroxine，T4	甲状腺素
transcription activator-like effector nuclease，TALEN	转录激活因子样效应物核酸酶
transforming growth factor β，TGF- β	转化生长因子 β 家族
treatment duration	处理时间
treatment timing	处理时刻
triiodothyronine，T3	三碘甲腺原氨酸
vasopressin，VP	血管加压素
vitellogenesis，Vtg	卵黄发生
vitellogenesis-inhibiting hormone，VIH	卵黄生成抑制激素
vitellogenin，Vg	卵黄蛋白原
Western blotting，WB	蛋白质的凝胶电泳印迹
Wilms' tumor 1，WT1	Wilms 肿瘤基因 1
winged helix/forkhead transcription factor gene 2，Foxl2	翼状螺旋/叉头转录因子 2
zinc finger nuclease，ZFN	人工锌指蛋白核酸酶
zona pellucida，ZP	透明带